**中国菜点历史** /8

　　萌芽期　/8

　　雏形期　/11

　　拓展期　/18

　　交融期　/23

　　　　品种的变化　/24

　　繁荣期　/26

　　　　品种增加　/28

　　鼎盛期　/32

　　　　菜点层出不穷　/33

　　转型创新期　/35

　　　　菜点品种新趋势　/36

**中国传统烹饪方法**　/40

　　煮氽涮卤煨炖类　/40

　　烧焖扒烩类　/42

　　炸烹熘爆炒煎贴塌类　/43

　　蒸烤熏类　/44

　　其他制法　/44

# 目录

中国菜之美 /46
- 营养卫生 /48
- 色彩 /49
- 香气 /50
- 滋味 /51
- 形态 /52
- 触感 /52
- 器皿 /53
- 名称 /54
  - 菜点命名类型 /54
- 意境 /55

西餐的层层推进 /56
- 西餐分类 /58
  - 法式菜肴 /58
  - 英式菜肴 /58
  - 意式菜肴 /59
  - 美式菜肴 /59
  - 俄式菜肴 /60
  - 德式菜肴 /60
  - 其他菜系 /60

西餐菜点的顺序　/ 61
 头盘　/ 61
 汤　/ 62
 副菜　/ 62
 主菜　/ 63
 菜类菜肴　/ 63
 甜品　/ 64
 咖啡和茶　/ 64

**餐桌礼仪**　/ 66
 自助餐　/ 68
 鸡尾酒会　/ 69
 晚宴　/ 69
 注意事项　/ 70
 刀与叉的语言　/ 74
  刀与叉的种类　/ 75
  刀与叉的摆放　/ 76
  刀与叉的用法　/ 78
  刀法的运用　/ 79

## 中餐礼仪 / 86
### 桌的摆放 / 86
### 餐具的摆放与使用 / 87
### 餐桌上的形态礼仪 / 89

## 饮食新趋势 / 90
### 素食 / 90
#### 分类 / 92
#### 演进过程 / 94
#### 发展历史 / 97
#### 食素原因 / 101
#### 健康意义 / 106

### 绿色食品 / 110
#### 绿色食品标志 / 112
#### 申请范畴 / 114
#### 具体标准 / 116
#### 绿色食品等级 / 118

### 营养金字塔 / 119
#### 营养金字塔结构 / 120
#### 新型营养金字塔 / 121

### 低热量食物 / 122

目录

人类诞生已经有100多万年了,起初人类还是处于蒙昧时期,过着茹毛饮血的生活。吃的食物不是从树上摘下来的野果,就是活生生的动物,野生动植物是人类唯一的充饥物。历史总是发展的,渐渐的,人类发明了火,这时候,我们的祖先能够吃上熟的食物了。几万年的原始社会,几千年的奴隶社会和封建社会,人类从蒙昧时代走到今天,饮食习惯发生了巨大的变化。

这一次我们追溯到了远古的时代,追踪了几万年前的茹毛饮血的生活,随着星星火光一路前行,征战吃货的世界和各种主食、小吃、配菜、东方菜点、西餐大作战,最后不得不请了刀和叉来帮忙,筷子告诫:我们是文明人要遵守规则,敬畏生命,保护自然,爱护自己,爱惜这个吃货的世界,做一个文明的吃货。

# 不一样的美食

## ● 中国菜点历史

### 萌芽期

原始社会，是中国菜点发展的萌芽期。人类经历了生食、熟食（火的使用）、陶烹几个阶段。

生食阶段。人类的祖先猿习居于树上，主要以植物性食物为主，不得已时偶到地上捕食小动物，属以吃"素"为主的杂食动物。早期猿人主要靠采集天然的果实、幼芽、嫩叶、根茎为主，以捕捉雏鸟、昆虫，行动较慢的龟、蛙、蜥蜴等动物为辅，以及捕捉一些没有抵抗能力的小型哺乳动物充饥。正如《淮南子·修务训》中所说的，最早的人们的食物是"鸟兽虫鱼草木之实"。人类过着原始、粗陋、生吞活剥的饮食生活。在生食阶段，人类处于动植物混合杂食状态，没有饭、菜的区分。

火的使用。大约在170万年前，中国先民开始懂得用火，但是真正能够很好地管理火、长期保存火种，却是在约50万年前的北京人时期。在这一时期，中国饮食已从生食时期进入到了熟食时代。其中，火的发明使用是史前人类结束"茹毛饮血"自然饮食生活的重要标志。当时中国先民是用自然火熟食。关于中国先民人工取火的具体时间，大约在距今5万年－1万年的旧石器时代后期。旧石器时代的烹饪方法主要有烧、烤、石烘、石烹，从熟食之始到陶器发明，并用于炊煮食物以前，只是开始了由完全生食向熟食的逐步转变，动植物的混合杂食及主副食无明显区别的状态并没有从根本上改变。

陶器的产生与使用。中国先民最初用火熟食、进行原始烹饪时没有使用炊具，而是直接在火上烧烤食物，即"炮生为熟"，或者用石头传热使食物成熟；在食用食物时也没有餐饮器具，饿了，用手抓食；渴了，用手捧水喝。这种饮食状况持续了很长时间，直到新石器时代陶器产生、使用后才发生了根本变化。新石器时

## 不一样的美食

代人们逐渐掌握了种植谷物和养殖禽畜的技术,黄河流域及长江中下游的农业和畜牧业有了一定的发展,使人类有了相对稳定的食物原料来源。

新石器时代人类烹饪与饮食具有以下几个标志性特点:食物原料多系渔猎的水鲜和野兽,间有驯化的禽畜、采集的草果、试种的五谷,不很充裕。调味品主要是粗盐,也用梅子、苦果、香草和野蜜,各地食源不同;炊具是陶制的鼎、甗、鬲、釜、罐和地灶、砖灶、石灶;燃料系柴草;还有粗制的钵、碗、盘、盆作为食具;烹调方法为炙、炮、石燔、蒸、煮等,较为粗放;陶器用于烹饪食物的初期,食物原料"共煮一器",也是"混合食品"状态。

至于菜品,也相当简陋,最好的美味也不过是传说中的彭祖(彭铿)为尧帝烧制的"雉羹";此时先民进行烹调,仅仅出自求生需要;关于食饮和健康的关系,他们的认识是朦胧的。但是,从燧人氏教民用火、有巢氏教民筑房、伏羲氏教民驯兽、神农氏教民务农、轩辕氏教民文化等神话传说来看,先民烹饪活动具有文明启迪的性质。在食礼方面,祭祀频繁,常常以饮食取悦于鬼神,求其荫庇。开始有了原始的饮食审美意识,如食器的美化,欢宴时的歌呼跳跃等。这是后世筵宴的前驱,也是他们社交娱乐生活的重要组成部分。

## 雏形期

先秦时期，为中国菜点发展的雏形期。在这一时期，不仅在食物原料、烹饪器具、菜品制作等物质财富的创造上有了新的变化，更引人注目的是在饮食思想与理论、饮食制度与礼仪等精神财富上的创造性变化，主要表现出以下特点。

在这一时期，由于农业和畜牧业在原始社会的基础上又有了新的发展，因此食物资料更加丰富。以种植、养殖为主并迅速增加了食物原料以种植、养殖为主。夏商周时期，随着农业和畜牧业的高度发展，种植、养殖所提供的产品已经成为主要的食物来源，品种稳定而丰富，到周朝时已经是五谷、五菜、五果、六禽、六畜齐备。据《周礼》《仪礼》《诗经》等典籍记载，当时的谷物有黍、稷、菽、麦、稻、粟、麻等；蔬菜有瓜、瓠、葵、韭、芹、芥、藕、芋、蒲、莼、莱菔、菌等；果品有桃、李、枣、榛、栗、枸杞、杏、梨、橘、柚、桑葚、山楂等；家禽家畜有马、牛、羊、犬、豕、鸡、鹅、骆驼等。此外，由于狩猎和捕捞工具的改进，对野生动植物的利用也更进一步。熊鹿鹌雉、鱼虾鳖蟹、草蒲藻藿等，已经普遍使用。在文献中时常出现"五味"一词。以五味的系列而言，常用咸味调料有盐、醢、酱、豆豉；酸味调料有梅、醯等；甜味调料有蜂蜜、饴糖、蔗浆等；辛香味调料有花椒、姜、桂、蓼、蘘荷、蒜、薤及芥酱、酒等；苦味调料在调味时可以使菜肴滋味更丰厚，已被人们认可，只是还没有出现常用的品种。

## 不一样的美食

青铜炊具、餐具种类繁多,在夏商周时期,人们用青铜铸造各种各样的炊具和餐具。属于炊具的,已经有青铜的鼎、鬲、镬、釜、甑等;属于切割器或取食器的,有青铜的刀、俎、匕、箸、勺等;属于盛食器的,有青铜的簋、豆、盘、敦等;属于盛酒器的,有尊、壶、方彝等;属于饮酒器的,有爵、角、觚、斗、舟、觯、杯、觥、卣等。此外,还值得一提的是用于冷藏的青铜"鉴",在湖北随州曾侯乙墓中曾经出土,呈方形,高50余厘米,纹饰精美,内外两层,夹层可放冰以便冷藏食品。其他质地的炊餐具层出不穷。在这一时期,青铜器主要是供上层贵族使用,平民百姓仍然是大量使用陶器。不过,人们在陶器的制作中不断改进、提高,采用不同的原料,利用高温烧制技术、施釉技术,逐渐制作出质地精致的白陶器,进而在商朝中期创制出原始瓷器。餐饮器具有尊、钵、豆、簋、碗、盘、瓮等。此外,还拥有以玉石、牙骨、竹木为材料制作的餐饮器具。在河南安阳殷墟妇好墓出土了玉壶、玉簋、玉盘、玉匕、玉勺、象牙杯；在曾侯乙墓出土了漆耳杯、漆食具盒、漆豆、漆尊等，形制精美，色泽雅丽，皆为珍品。谷物加工技术有所发展。中国古人早期对谷物加工使用的是杵臼、石磨盘、棒以及碓等，这些工具主要可以使谷物脱壳，后来也可以破粒取粉，但效率不高。经过长期的探索和实践，终于发明出石磨。

三代期除了沿用新石器时代的烧、烤、煮、蒸、烩等火直接烹以及水煮汽蒸等烹调方法之外，还出现了煎、炸等烹调方法。河南新郑一座春秋古墓出土的"王子婴次之卢"，便以实物证明了春秋时期已有煎、炸法和相应的专用炊具。由单纯的用水及水蒸气为介质烹调发展到用油烹调，这是烹调史上的又一次飞跃。

菜品分类细化，当时的主要品种有：羹、炙、脯、脩、菹、齑、醢、臡等。每一类菜又可派生出许多品种。如醢，就多达上百种；羹有牛羹、羊羹、豕羹、犬羹、兔羹、雉羹、鳖羹、鼋羹、鱼羹、藜菜羹、葵

## 不一样的美食

菜羹、芹菜羹、苦菜羹等。周代出现了被称为"八珍"的名食。周八珍是黄河流域的宫廷食馔,据《礼记·内则》所载,八珍为淳熬、淳母、捣珍、渍、炮豚、烊、熬、肝背。淳熬为肉酱盖浇稻米饭;淳母为肉酱盖浇黍米饭;炮豚为经烧、烤、炖制成的小乳猪;炮烊为烧、烤、炖小羊;捣珍为脍肉扒;渍为酒香牛肉;熬为烘烤五香牛羊肉干;肝背为烤网油狗肝。《楚辞》之《招魂》《大招》所载食单,反映的是楚国贵族的南味名食。文中要招的虽是死者的"灵魂",但所列举的食物必然是生活的写照。《楚辞》中记载的楚地名肴有炖牛蹄筋、清炖甲鱼、烧烤羔羊、醋烹天鹅肉、煎炸鸿鸽、卤鸡、红烧龟肉、豺羹、猪肉酱、苦味狗肉、烤鹌鸽、蒸野鸭、籴鹌鹑肉、油煎鲫鱼等。出现了饵、蜜饵、糁、粔籹、酏食等面点品种。除主食南北分野的传统在这一时期继续加强外,副食中菜肴的口味也形成了南北分野的趋势,周代的"八珍"和《楚辞·招魂》中的菜式,就分别代表了中国北、南地区的两种截然不同的口味。

饮食市场。商朝的都邑市场上已经开始有饮食店铺,出售酒肉饭食,有饮食品的经营者、专业厨师与服务员。谯周《古史考》记载道:吕尚"屠牛于朝歌,卖饮于孟津"。到了西周时期,商业发展较快,为满足来往客商的饮食需要,饮食市场有了极大的发展,甚至在都邑之间出现了供人饮食与住宿用的综合性店铺。《周礼·地官司徒·遗人》言:"凡国野之道,十里有庐,庐有饮食。"

食品加工和烹饪技术更趋进步,当时从选料、时令、主副食搭配、刀功、调味和火候等方面都积累了丰富的经验,并提出了"食不厌精、脍不厌细""和而不同"等烹饪理论。《吕氏春秋·本味篇》《论语·乡党》《黄帝内经》等著作都对饮食之道做了阐述。

《吕氏春秋》是战国末期吕不韦集合门客共同编写而成的。其中的《本味篇》主要记载了伊尹用烹饪至味谏说商汤的故事,首创中国烹饪的"本味"之说,指出"凡味之本,水最为始。五味三材,九沸九变,火为之纪",并说"调和之事,必以甘酸苦辛咸,先后多少,其齐甚微",详细阐述了用水、用火、调和等与肴馔烹饪成败的关系,是世界上最早的较完整的烹饪技术理论著述。此外,《本味篇》还记载了当时各地的优质原料、调味料与美食等。《黄帝内经》是开始成书于战国时期的医学理论著述,也从饮食营养与人体健康的角度阐述了饮食养生等问题。涉及饮食烹饪各个方面的著述有很多,包括儒家的十三经即《易经》《尚书》《周礼》《仪礼》《礼记》《诗经》《左传》《春秋·公羊传》《春秋·榖梁传》《论语》《孝经》《尔雅》《孟子》,也包括《楚辞》和其他先秦诸子的著述如《老子》《韩非子》等。席地分食、乡饮酒礼、王公宴礼及餐前行祭等饮食礼仪的形成,是这一时期具有划时代意义的成果,它对当时及后世产生了极其深远的影响。

## > 膳食结构面面观

膳食结构是指日常生活中一日三餐的主食、菜肴和饮料的搭配。

中国居民传统膳食结构是以粮食为主，蔬菜类丰富，肉类较少，食品多不做精细加工，糖的使用量较少，烹调油中荤油占有一定比例。其不足之处在于牛奶及奶制品摄入不足；缺乏动物性食品，导致优质蛋白质摄入不足；食盐摄入量过高。

"三高"型膳食结构即高热能、高蛋白、高脂肪。每年粮食摄入量仅为 50～75 千克，肉类达到 100 千克，奶类为 100～150 千克，以及大量的蛋类、蔬菜、水果等。每人每天平均获得的蛋白质在 100 克以上，脂肪在 130～150 克，热能高达 3300～3500 千卡。烹调时油使用量少，放盐少，动物内脏使用量低。

地中海式膳食结构特点是饱和脂肪含量低；不饱和脂肪（如橄榄油）含量高；动物蛋白含量低；糖类和纤维含量高；抗氧化剂类营养素和植物化学物质含量高，如番茄酱、葡萄、无花果等。

## 不一样的美食

### 拓展期 >

秦汉时期是中国菜点发展的拓展期,这一时期是我国封建社会的早期,农业、手工业、商业和城镇都有较大的发展,中国菜点的发展具有下列特点:

在这一时期,食物原料更加丰富多彩。张骞出使西域,相继从阿拉伯等地引进了茄子、大蒜、西瓜、黄瓜、扁豆、刀豆等新蔬菜及葡萄酒的酿造技术。《盐铁论》说,西汉时的冬季,市场上仍有葵菜、韭黄、簟菜、紫苏、木子耳、辛菜等供应,而且货源充足。扬雄的《蜀都赋》中还介绍了天府之国出产的菱根、茱萸、竹笋、莲藕、瓜、瓠、椒、茄,以及果品中的枇杷、樱梅、甜柿与榛仁。有"植物肉"之誉的豆腐,相传也出自汉代,随后,豆腐干、腐竹、千张、豆腐乳等也相继问世。在动物原料方面,这时猪的饲养量已占世界首位,取代牛、羊、狗的位置而成为肉食品中的主角。其他肉食品利用率也在提高,如牛奶,就可提炼出酪、生酥、

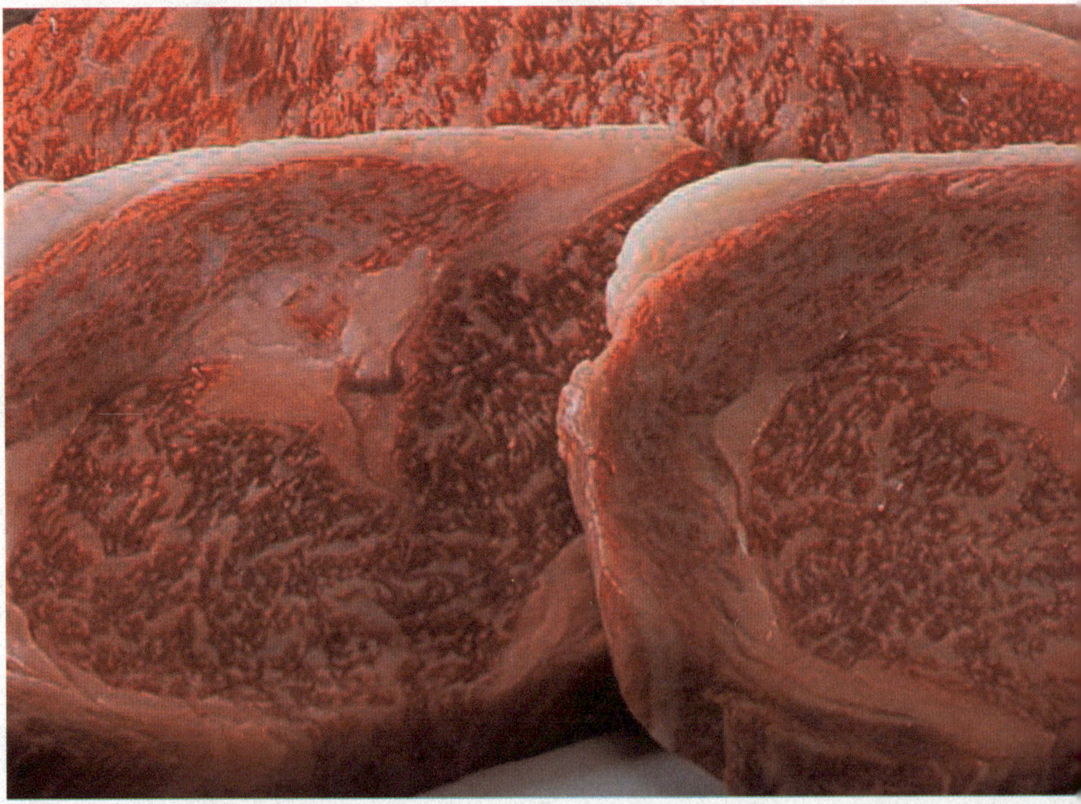

熟酥和醍醐。再如岭南的蛇虫、江浙的虾蟹、西南的山鸡、东北的熊鹿，都上了餐桌。

烹饪器具的鼎新、锅釜由厚重趋向轻薄。战国以来，铁的开采和冶炼技术逐步推广，铁制工具应用到社会生活的各个方面。西汉实行盐铁专卖，说明盐与铁同国计民生关系密切。铁比铜价贱，耐烧，传热快，更便于制菜，因此，铁制锅釜此时推广开来，如可供煎炒的小釜，多种用途的"五熟釜"，大口宽腹的铜，以及"造饭少顷即熟"的"诸葛亮锅"，都系锅具中的新秀，深受好评。与此同时，还广泛使用锋利轻巧的铁质刀具，改进了刀工刀法，使菜形日趋美观。

菜点制作技艺有所提高。据《淮南子·齐俗训》记载："今屠牛而烹其肉，或以为酸，或以为甘，煎、熬、燎炙，齐味万方，其本牛之一体。"用一头牛能够采用不同的烹饪方法做出不同口味的菜肴，而且达到"齐味万方"的水平，这反映汉代烹饪技术已达了到相当精湛的水平。石

## 不一样的美食

磨的广泛使用，发酵等面点制作技艺的提高，面点的品种迅速增加，并在民间普及。东汉庖厨石刻图反映了当时的烹饪状况。

菜点类型在原有的基础上又有新的拓展。如羹，品种就有很多。仅长沙马王堆一号汉墓出土的遣策上就记有用牛、羊、豕、豚、狗、雉、鸡、鹿、凫等制作的羹20多种。此外，脯、炙、酱等类菜也有较大发展。名肴有《释名》所载的貊炙、衔炙、鸡纤；《史记》所载的胃脯、枸酱；《汉书》所载的鲐酱；《新论》所载的脡酱等。出现了一些新调料、新制法、新菜肴，如豆豉、酱清(即酱油)，在汉代便有黄豆芽、豆浆、豆腐等豆制品，尤其是豆腐的发明，为系列豆制品的产生起了关键作用。出现了杂烩菜、鲊菜、濯菜。据《西京杂记》等书记载，汉代名医娄护曾发明用鱼、肉等原料混合烧煮成的五侯鲭，这实际上是一种杂烩。鲊在先秦时已萌芽，但正式记载其制法的文字见于东汉刘熙《释名·释饮食》："鲊，菹也。以盐米酿鱼以为菹，熟而食之也。"长沙马王堆一号汉墓出土的遣策上记有牛濯胃、濯豚、濯鸡等，濯在这里类似涮或氽。汉代末年面食从中亚输入，是中国饮食史的第三次重要突破。面食把米、麦的使用价值大大地提高了，因为中国古代主食的植物以黍、粟为主，因为有面食方式的输入，才开始先吃"胡饼"，以后才吃"面条"。面食的意义是中国饮食文化由"粒食文化"进入"粉食文化"，也就是说由原来主食的黍、粟转变成为麦，麦就代替了黍、粟成为中国的主食。菜点风味特色的地域性差异进一步显现。南方多猪肉、水产菜肴；北方多牛肉、羊肉、狗肉菜肴。蜀地菜肴辛香突出，北方菜肴多咸鲜，南方菜肴重甜酸。中国饮食文化南北分野的现象，在秦汉时期进一步加强，并形成了关中、西北、中原、北方、齐鲁、巴蜀、吴楚七个相对稳定循环传承的饮食文化圈。

筵宴昌盛。《史记》中的鸿门宴，《汉书》中的游猎宴，都写得有声有色。特别是枚乘在《七发》中为"生病的楚太子"设计的一桌精美的宴席达到了相当高的水平："煮熟小牛腹部的嫩肉，加上笋蒲；用肥狗肉烧羹，盖上石花菜；熊掌炖得烂烂的，调点芍药酱；鹿的里脊肉切得薄薄的，用小火烤着吃，取鲜活的鲤鱼制鱼片，配上紫苏和鲜菜；兰花酒上席，再加上野鸡和豹胎。"它与战国时的楚宫宴相比，在原料选配、烹调技法与上菜程序

## 不一样的美食

上,都有长足的进步。至于汉高祖刘邦的大风宴、汉武帝刘彻的析梁宴、东汉大臣李膺的龙门宴、吴王孙权的钓台宴、魏王曹操的求贤宴、诗人曹植的平乐宴、名士阮籍的竹林宴、大将军桓温的龙山宴、梁元帝萧绎的明月宴、梁简文帝萧纲的曲水宴等,在格局和编排上都不无新意。其中最显著的是,突出筵席主旨,因时因地因人因事而设,重视环境气氛的烘托。这些后来都成为中国筵宴的指导思想,并被发扬光大。

烹饪著述。如《老子食禁经》、崔氏《食经》、刘休《食方》、诸葛颖《淮南王食经》等,可惜绝大部分已佚。在饮食养生经验积累方面也有进展。西汉淳于意、三国华佗和他的弟子吴普,对食疗方面都有所建树。《神农本草经》《伤寒病杂论》《脉经》等总结出脏腑经络学说,奠定了辩证论治的理论基础,传统医学体系初步形成。在药物运用上,强调"君臣佐使""七情和合"和"四性五味",并且试图用阴阳五行观解释食饮与健康的关系,使"食医同源"的理论进一步得到验证。

## 交融期

魏晋南北朝是中国菜点发展的交融期。这一时期民族之间的沟通与对外交往也日益加强。中国菜点在各区域和各民族间以前所未有的规模、速度融合交汇。其主要特点是:

烹调原料。《齐民要术》记载了黄河流域的31种蔬菜,以及小盆温室育幼苗,韭菜捉子发芽和韭菜挑根复土等生产技术。《齐民要术》还汇集了白饴糖、黑饴糖稀、琥珀饧、煮脯、作饴等糖制品的生产方法。特别重要的是,从西域引进芝麻后,人们学会了用它榨油。从此,植物油便登上中国烹饪的大舞台,促使油烹法的诞生。当时植物油的产量很大,不仅供食用,还作为军需品。有文章介绍说,在赤壁之战中,芝麻油曾发挥出神威。《齐民要术》记载的肉酱品,就分别是用牛、羊、獐、兔、鱼、虾、蚌、蟹等10多种原料制成的。

烹饪器具。晋人束皙《饼赋》说:"重罗之面,尘飞雪白。"证明当时已能用重罗筛出极细的麦面粉。出现了蒸笼等炊具。

菜肴的烹饪方法明显增多。据记载,这一时期的烹饪方法已达20多种。主要有炸、炒、烧、煮、蒸、腊、煎、炙、腌、糟、酱、醉等。尤其是炒,这种旺火速成的烹饪方法的出现,对中国菜肴的进一步发展起了重要的推动作用。发酵方法的形成及普遍使用。《齐民要术》"饼法第八十二"中不仅写明了酸浆酵的制法,还说明了在不同季节的用量,以及在粥中加酒的发酵法。这两种发酵方法,当时已在黄河中下游及江南广泛使用,馒头、白饼、烧饼、锫愉、面起饼都要用发酵面。

# 不一样的美食

• 品种的变化

菜肴品种、名肴增多。如《齐民要术》所载的蒲鲊、八和齑、炙豚、腩炙、肝炙、酿炙白鱼、炙蚶、捣炙、五味脯、鲤鱼脯、猪蹄酸羹、鸡羹、胡麻羹、鸭臛、鳖臛、兔腥、蒸熊、蒸鸡、蒸豚、蒸藕、腊鸡、腊白肉、蜜纯煎鱼、鸭煎、蝉脯菹、糟肉、油豉、羌煮;《异物汇苑》所载的驼蹄羹;《晋书·王羲之传》所载的牛心炙;《晋书·张翰传》所载的莼羹、鲈鱼脍等。菜肴风味趋于多样化。菜肴呈现出各种不同色泽、形态、滋味、香味和质感。当时的菜肴制作已比较重视造型,出现了灌肠、肉丸、圆形鱼饼、烤肉圈等。南北朝时,人们开始有意识地在菜肴中使用色素,如用栀染黄、苏木染红等,使菜肴颜色更加美观。酿菜也已出现,如酿炙白鱼就是将鸭肉蓉加调味料拌匀后瓤入掏空的鱼腹中烤制而成。少数民族菜有较大发展。《齐民要术》中提到的胡炮肉、羌煮、胡羹等均是北方和西北少数民族所创制的佳肴。素菜有较大发展。由于佛教的盛行,儒、释、道文化的融通,加之梁武帝的提倡,佛教素食戒律问题开始提出来了,在梁时,素食在江南已成一种典型的饮食原则、风格和社会风气,从而涌现出许多素菜品种,如《齐民要术》中就有《素食第八十七》篇专记素食。

当时出现了许多面点品种。如《饼赋》中提到了安乾、粔籹、豚耳、狗舌、剑带、案成、髓烛、馒头、薄壮、起溲、汤饼、牢丸等10多个品种。《齐民要术》中记有白饼、烧饼、髓饼、粲、膏环、细环饼、

截饼、水引、馎饦、切面粥、粉饼、豚皮饼、粽等近20个品种,并有详细制法。另据记载,毕罗、馄饨、春饼、煎饼也已出现。在这些面点中有的是笼蒸、甑蒸而成,如馒头、棋子面;有的要在铛中油煎而成,如膏环;有的要在锅中用沸水煮成,如馎饦;有的要在炉中烤成,如髓饼、烧饼;还有的要先在铜钵中烙熟,再下沸水锅煮成,如豚皮饼;还有的要加浓草木灰汁煮,如粽子,显示了成熟方法的多样化。

著作。在这一时期,有关饮食的著作急剧增加,其数量和范围都远远超过前代,呈现出系统性、独立性和总结性的特点。它们从饮食原料到加工烹饪,从饮食内容到饮食文化,都有较为系统和深入的记述和研究,可以说饮食学作为一门新兴的学科已经基本形成。尤其是北魏高阳太守贾思勰所著的《齐民要术》,是中国烹饪理论演进史上一座丰碑。该书10卷、92篇、12万言,涉猎面甚宽,容量远远超过前代的农书和食书。它是公元6世纪以前黄河中下游地区农业生产经验和食品加工技术的全面总结,其主要贡献是:较多地介绍了主要农作物的品种、性能、产地和养殖方法已烹饪原料学的雏形;广泛收集调味品生产的传统工艺,对食品酿造技术进行了总结,并有发展;汇集了众多菜谱,分析了不少技法,保留了珍贵的饮馔资料,堪称我国最早的菜品大全。这本书上起夏禹,思路贯通10多个朝代,纵述2000余年。引用了古籍150余种,包容百川。对横向知识也很重视,虽然主要介绍齐鲁燕赵,但对荆湘吴越和秦陇(指甘肃一带)川粤亦有反映。

# 不一样的美食

## 繁荣期 >

隋唐宋元时期,是中国封建社会的鼎盛期。中国菜肴发展迅速,主要特点如下。

食源继续扩充。隋唐宋元时期,烹饪原料进一步增加,通过陆上丝绸之路和水上丝绸之路,从西域和南洋引进一批新的蔬菜,如菠菜、莴苣、胡萝卜、丝瓜、菜豆等等。还由于近海捕捞业的昌盛,海蜇、乌贼、鱼唇、鱼肚、玳瑁、对虾、海蟹相继入馔。另据《新唐书·地理志》记载,各地向朝廷进贡的食品多得难以计数,其中,香粳、紫秆粟、白麦、荜豆、蕃蓣、葛粉、文蛤、糟白鱼、橄榄、槟榔、凤栖梨、酸枣仁、高良姜、白蜜、生春酒和茶,都为食中上品。此时厨师选料,仍以家禽、家畜、粮豆、蔬果为大宗,也不乏蜜饯、花卉,以及象鼻、蚁卵、黄鼠、蝗虫之类的特味原料。同一原料中还有不同的品种可供选择,如鸡,便有专制汤菜的肉用鸡,可治女科杂症与风湿诸病的乌骨鸡等。元代,为了满足大都(今北京市)的粮食供应,海运、漕运每年两次,有时国内基本种原料不足,还需进口。北宋有种"香料胡椒船",专门到国外运载辛香类调料和其他物品。与元

代有贸易关系的国家和地区是140余个,进口货物220余种,其中最多的胡椒、茴香、豆蔻、丁香等。

在炊具、燃料及引火技术等方面取得了长足的进步。煤从隋代开始应用于饮食烹饪,木炭也已成为当时主要的燃料。经济而又卫生的瓷制饮食器具,在当时得到了相当广泛的应用。

烹饪技术有较大提高。如制鱼脍的刀工技术相当高超,能将鱼片批得极薄。唐人对炸的菜,往往将原料切成薄片或细丝,入沸油快炸而成;对煮的菜,视原料不同,煮的时间有长有短,如鹿肉可煮一整天,至软烂入味为止。五代时,还用红曲煮羊肉,起到了增色、添香、防腐作用。宋代的烹调方法已达30种以上,新出现或较前代有较大发展的有炒、爆、煎、炸、涮、焙、炉烤、焐、冻等。如炒,已出现将肉片"入火烧红锅、爆炒,去血水,微白即好"的记载,与现代的炒法相似。当时还出现了生炒、熟炒、南炒、北炒的区别。《山家清供》中所记载的拨霞供与现在的涮法相似。

# 不一样的美食

• **品种增加**

出现了大量的名肴。如韦巨源《食谱》载有光明虾炙、冷蟾儿羹、凤凰胎、乳酿鱼、葱醋鸡、仙人脔、箸头春、过门香、遍地锦装鳖、汤浴绣丸、升平炙；《岭表录异》中载有蚁卵酱、虾生、炸乌贼、炸水母、炒蜂子；《山家清供》载有蟹酿橙、莲房焦包、拨霞供、东坡豆腐、酒煮玉蕈；《事林广记》载有肉珑松、佛跳墙、鸡子线酒、肉咸豉；《中馈录》载有炉焙鸡、蒸鲥鱼、糖醋茄等。据《东京梦华录》《梦粱录》《武林旧事》等书记载，北宋都城汴京、南宋都城临安，市场上有花色多样、数以百计的菜肴。

食雕、花色菜迅速发展。随着唐宋时期为数众多的知识分子开始关注饮食艺术，至宋代，士大夫饮食文化已经形成，中国菜肴的艺术文化色彩大为增强。如韦巨源《食谱》所载的玉露团是在酥酪上进行雕刻；南宋佞臣张俊在孝敬宋高宗的筵席中，有大量的雕刻食品，据《武林旧事》载的食单，其中有"雕花蜜煎一行"，计有12味；《山家清供》所载的蟹酿橙是将螃蟹肉填入掏空的橙子中蒸制而成，莲房鱼包是将鳜鱼肉块填入掏空的嫩莲蓬中蒸制而成；《清异录》所载的辋川小样是用多种荤素熟原料拼摆的大型组合式风景冷盘，玲珑牡丹鲊是用鱼鲊片拼成牡丹花形蒸制而成。

食疗菜有较大的发展。唐宋时期食

疗养生家辈出。孙思邈的《备急千金要方》中列有《千金食治》，是我国历史上现存最早的饮食疗疾专篇。孟诜的《食疗本草》，昝殷的《食医心鉴》等均有大量的食疗方。如《食医心鉴》中，用动植物制作的菜肴达数十种，有治中风的蒸驴头，治水汽大腹浮肿的煮牛尾，治痔疮的烤野猪肉，治小便涩少疼痛的青头鸭羹。

素菜迅速发展，市肆素菜发展兴旺。在北宋汴京、南宋临安的市肆上，已有了专营素菜的素食店，这些素食店不仅有了精细的素菜品种，而且出现了素筵。宋代产生了象形素菜，即用素菜原料制成荤菜的形状，如素蒸鸭、玉灌肺、罂乳鱼、夺真鸡、假炙鸭、假煮白肠等。宋代还出现了素食专著《本心斋疏食谱》《笋谱》《山家清供》等。

中国菜肴的重要风味流派已初步形成。唐宋时各地菜肴均有发展，其中比较突出的为北方菜、川菜、江浙的南方菜。苏轼、陆游等人的诗文中屡屡写到了川味、南烹。汴京市肆上出现了北食店、南食店、川食店。

隋唐时期出现的面点新品种主要有春重、链、包子、饺子等。旧有的面点无论是品种还是花色上都有了新的发展。面制品方面，如馄饨，出现了"花形馅料各异"的二十四气馄饨；胡饼出现以油酥、羊肉、豆豉为馅心的名品古楼子，还有的胡麻饼达到"面脆油香"的境界，受到诗人白居

易的赞赏；面条出现了过水凉面槐叶冷淘（槐芽汁加水和面制成），诗圣杜甫认为吃了有"经齿冷于雪"之感；蒸饼出现了莲花饼馅、玉尖面等品种；馎饦也出现阔片、细长片、厚片等形状，并出现一种以生羊肉衬底的用面片盖上浇以五味的䭔突。米面品方面，如馓子，出现了既酥又脆"嚼着惊动十里人"的品种。糕团发展更快，出现十数种名品，有水晶龙凤糕、花折鹅糕、满天星、粉团等。这一时期出现的食疗面点很多，在《食疗本草》《食医心鉴》中均有记载。大抵以动植物食药、面粉为原料，制成馎饦、饼、索饼、馄饨等品种。著名的有薯蓣馎饦、生姜末馄饨、羊肉索饼、野鸡肉饼等。宋元时期新出现的面点主要有薄脆、角子、棋子、月饼、经卷儿、秃秃麻食、卷煎饼、拨鱼、河漏、烧卖等，米粉制品主要有元宵、水团、麻团、米缆、油炸果子等。旧有的面点在这一时期也有所发展。馒头、包子、馄饨出现了许多因馅心不同而命名的品种，面条因粗细不同、浇头不同而出现数十种名品。糕因用料、制法的差异，也出现许多品种。如《武林旧事》卷六"糕"类食品中就收有19个品种，有糖糕、蜜糕、栗糕、粟糕、豆糕、花糕、糍糕、雪糕、小甑糕、干糕、乳糕、社糕、重阳糕等等；胡饼也出现许多品种，仅《东京梦华录》所记，就有门油、菊花、宽焦、侧厚、髓饼、新样、满麻、白肉胡饼等。

这一时期有关饮食的著作较多。如《备急千金要方》《食疗本草》《食医心鉴》《山家清供》《本心斋疏食谱》《饮膳正要》《居家必用事类全集》《云林堂饮食制度集》等。

# 不一样的美食

## 鼎盛期

明清时期，我国各民族文化大交融达到了前所未有的高潮。至清代，中国菜点的发展进入了鼎盛期。主要特点是：

在这一时期，食品原料比过去更为广泛，特别是玉米、甘薯、花生、向日葵、西红柿、马铃薯等的传入，极大地改变了人们的饮食结构。

菜点的制作技术十分高超，如鸭，可以烤成外酥里嫩的炙鸭，也可以整鸭去骨后填入多种原料制成八宝鸭，还可以制成套鸭；鱼，既可以取其净肉制成鱼圆，也可以用模具压成鱼形，裹糊炸烧；连竹笋也能掏空后酿以肉馅，再煨制成菜。面粉加工更为精细。山东的飞面、江南的澄粉已经常使用。发酵法、油酥面皮制法更趋完善。据《随园食单》记载，扬州制作的小馒头"如胡桃大"，"手捻之不短半寸，放松仍隆然而高"。面点成形方法更加多样，擀、切、搓、抻、包、裹、捏、卷、模压、刀削各显其妙。馅心制作变化多端，荤、素、咸、甜、酸、辣均有，花卉也用以做馅，还出现使肉汁冷凝以做汤包的方法。面点成熟方法较前代也有发展，主要表现在多种方法的综合使用上，如有的面条要先煮熟，后过水晾干，再经油炸，入高汤微煨而食，有的饼要先烙后蒸。

## • 菜点层出不穷

菜肴名品、多达数千种。如明代《宋氏养生部》中收录的食物达1300多种，其中菜肴几百种；清代《调鼎集》收录菜有1600多种，仅鸭菜就有160多种；其他如《易牙遗意》《饮馔服食笺》《食宪鸿秘》《养小录》《醒园录》《随园食单》《素食说略》等也分别收录了大量的菜肴。各地各类菜肴风味特色鲜明，中国菜肴的主要风味流派已经形成。此时，地方风味菜、少数民族菜、素菜等均有较快发展。如北京的烧鹅、爆炒猪肝、烤鸭、涮羊肉、满汉全席等；山东的烧海参、扒鲍鱼、爆肉丁；四川的麻婆豆腐、绣球燕窝、清蒸肥坨；广东的鱼生、烤乳猪、蛇羹；江苏无锡的烧鹅、蟹鳖、煮麸干，扬州的葵花肉丸、大烧马鞍桥、文思豆腐，南京的鸭菜，苏州的松鼠鱼、斑肝汤，淮安的鳝鱼席；浙江的火腿、卷蹄、醋搂鱼等各具特色。蒙古菜、满族菜、清真菜、素菜等均具有鲜明的特色。

这一时期新出现的面点品种主要有春卷、青糕、青团、月饼、火烧、油条、锅盔等等。其中，春卷始于元代，此时方才叫春卷。旧有的面点品种迅速增加。如包子，出现了汤包、水煎包、米粉为皮的包子等；面条出现了抻面、刀削面、五香面、八珍面、伊府面等；饺子出现扁食、饽饽、水点心等名称，馅心多样，煮、蒸、炸均可；粽子出现果馅、火腿、豆沙等品种，包裹材料也可以用菱叶、竹叶等；糕的新品种也相当多，年糕、重阳糕中均不乏佳品。

中外饮食文化的交流日益频繁。元代，中国与欧亚各国互通使臣，往来不绝，不少国家的饮食文化受到中国饮食文化的影响。外国来中国的使节、商人、传教士络

## 不一样的美食

绎于途，中国菜谱中也融入了大量的"四方夷食"。明代，我国与亚洲各国的交流更加频繁。郑和曾率领船队七下西洋，不仅传播了中国饮食文化，也引进了一些他国食品。至清末，随着大批华侨到国外开餐馆谋生，中国菜进一步在世界各地扩大影响。同时，西洋饮食也传入中国，上海、北京、武汉、广州等地出现了不少西菜馆。

明清时期的饮食思想和理论研究也是达到了新的高度，出现了《多能鄙事》《居家必备》《遵生八笺》《酒史》《随园食单》《素食说略》《中馈录》《食宪鸿秘》《养小录》《调鼎集》《随息居饮食谱》等一大批高水平的饮食著作，内容涉及饮食的各个方面，这表明中国古代的饮食学体系已经形成，从而使饮食学成为一门饮食（色、香、味、形、声）、饮食心态、美器与礼仪（饮宴餐具、陈设、仪礼）、食享与食用（保健、养生与食疗）等多重文化内涵的"综合艺术"。如李渔在《闲情偶寄》中论蔬菜之美体现在清、洁、芳馥、松脆上，论鱼的烹煮之法，全在火候得宜，火候不到则肉生，生则不松；过了火候则肉死，死则无味。袁枚在《随园食单》中列有"须知单""戒单"，分别阐述了做菜中选料、配菜、用火、调味、装盘等方面的注意事项和应克服的弊端，对当时菜肴制作经验做了全面的总结。

## 转型创新期 >

辛亥革命后至今,中国菜点的发展体现在以下几个方面:

从食品原料来看,除传统的食品原料外,又从国外引进了生菜、洋葱、卷心菜等一批新品种。此外,花生油、荷兰奶牛、法式葡萄种籽等的引进和洋米、洋面、洋酒、洋饼干、洋罐头等的大量进口,打破了中国几千年来自给自足的基础食品原料饮料的结构,使得中国人的食品原料来源更加多样化。而烧碱、味精、食用香精等的使用,也使传统的食品烹饪更加方便,味道也更加鲜美可口。科学技术的发展,使各类动植物原料及调料的品种和数量日益增多,为菜点的发展奠定了良好的基础。

新能源、新设备与新技术在菜肴制作中广泛应用。烹制菜点的能源已由原来的柴、煤、油逐步向煤气、电、太阳能方面发展。菜点生产设备日趋现代化,电灶、煤气灶、机械化的切料机、电冰箱、电烤箱、微波炉、保温箱、净水器、搅拌机等设备已被广泛使用。从饮食器具来看,这一时期人们餐桌上摆放的已不再是单一的中式饮食器具了,那些光洁美观、轻巧耐用的西式餐具(如高脚酒杯、不锈钢餐具、搪瓷餐具等)也逐渐进入中国人的家庭,成为一些中上等收入人家的必备用具。

从食品加工技术和工艺来看,出现了传统手工加工作坊和近代化机器专业食品加工厂并存的现象。一方面传统的手工艺作坊加工出来的产品,以其独特的工艺和烹制手法为老顾客们所喜好;另一方面,那些用近代化机器生产工艺制造出来的食品也大量涌入市场。

## 不一样的美食

• 菜点品种新趋势

当今,中国形成了一股挖掘传统菜点、创制新品菜点,重文化、讲科学、求艺术的社会风气。人们的饮食观念开始从满足温饱转变到追求营养、快捷方便、新潮风味以及审美享受上来。厨师的文化水平得到提高,创新意识不断增强,菜肴的科技与文化艺术含量大大增加,中国菜点走进了现代化与传统饮食文化有机结合的新时代。新中国成立以来,中国菜点不断推陈出新,热潮此起彼伏。

地方菜点热。20世纪50年代,我国各地纷纷置办代表本地风味特色的地方菜馆、酒家、饭店,以传统和正宗风味为经营特点,至七八十年代达到高潮。在此潮流影响下,"菜系"热潮兴起,先后出现了"四大菜系""八大菜系""十大菜系"等提法。

造型艺术菜点热。此热潮兴起于20世纪70年代,至90年代达到高潮。通过雕刻拼摆、打花刀、制蓉后再塑造等方法,先后出现了花色拼盘、造型热菜、食品雕刻等热潮。

仿古菜点热。仿古菜点兴盛于20世纪80年代中后期。一些烹饪专家、史学家与厨师一同研制仿造古典菜点,先后出现了仿清宫御膳菜、仿唐菜、仿宋菜、仿红楼菜、仿孔府菜、仿随园菜等。

食疗保健菜点热。20世纪80年代后期以来，随着人们饮食营养保健意识的增强，吃出健康的愿望越来越强烈，营养丰富、天然无污染、保健食疗强的菜点越来越受人们欢迎，由此兴起了药膳热、绿色食品热、黑色食品热、昆虫食品热、保健食品热、功能食品热等热潮。

快餐热。20世纪80年代开始，肯德基、麦当劳、比萨饼等一批批洋快餐纷纷登陆中国，中式快餐随之兴起，中式快餐公司、快餐店、快餐食品如雨后春笋，迅猛地发展起来。

乡土与民族菜点热。在人们目睹嘴尝了大量的造型菜点、花色菜点后，又开始留恋起带有民族风情、别有一番风味的、实实在在的乡土菜、民族菜，于是从20世纪90年代起，乡土菜点、民族菜点开始兴盛起来。

"迷宗"菜点热。随着人们饮食口味的不断变化厂，厨师创新意识的增强，大约自20世纪90年代中期起，一批兼取百家之长，融合各种风味于一体，难辨其传承关系的"迷宗"菜产生了，并很快风靡一时。

其他热潮。20世纪90年代以来先后出现了生猛海鲜热、知青菜热、香辣蟹热、小龙虾热、杂烩热、涮锅热、私家菜热、江湖菜热、家常菜热等热潮。

从餐饮业来看，除了传统的老字号

仍占一席之地外，具有新口味的、用西方经营方式来管理的饭店、酒楼、西式餐馆，犹如雨后春笋般地在各地纷纷建立，并大有一种取而代之的趋势。这迫使一些中式饮食店开始学习西式餐馆的做法，特别是吸收西式烹饪技法的长处，并将改进后的番菜纳入自己的菜肴体系之中。从饮食方式来看，中国传统的进餐方式和进餐程序都受到了挑战。西式的分餐制，以其卫生的习惯被一部分中国人接受，特别是西菜先冷后热的上菜程序为许多中餐馆和家庭所接受，从而也大大简化了中式宴会的进餐时间。这一时期的饮食文化交流，也呈现出新的特点，这就是中国饮食文化在吸收西方文明的同时，也将自己民族的饮食逐步推向遥远的欧美国家，并以其精良的烹调、优美的造型、独特的风味蜚声世界，赢得了"烹饪王国""食在中国"的美名。

> **酒与食物的搭配**

饮酒时搭配食物重要的是根据口味而定。食物和酒类可以分为4种口味，这也就界定了酒和食物搭配的范围，即：酸、甜、苦和咸。

酸味：你可能听说过酒不能和沙拉搭配，原因是沙拉中的酸极大地破坏了酒的醇香。但是，如果沙拉和酸性酒类同用，酒里所含的酸就会被沙拉的乳酸分解掉，这当然是一种绝好的搭配。所以，可以选择酸性酒和酸性食物一起食用。酸性酒类与含碱食品共用，味道也很好。

甜味：用餐时，同样可以依个人口味选择甜点。一般说来，甜食会使甜酒口味减淡。如果你选用加利福尼亚查顿尼酒和一小片烤箭鱼一起食用，酒会显得很甜。但是，如果在鱼上放入沙拉，酒里的果味就会减色不少。所以吃甜点时，糖分过高的甜点会将酒味覆盖，失去了原味，应该选择略甜一点的酒类。这样酒才能保持原来的口味。

苦味：仍然使用"个人喜好"原则。苦味酒和带苦味的食物一起食用苦味会减少。所以如果想减淡或除去苦味，可以将苦酒和带苦味的食物搭配食用。

咸味：一般没有盐味酒，但有许多酒类能降低含咸食品的盐味。世界许多国家和地区食用海产品如鱼类时，都会配用柠檬汁或酒类，主要原因是酸能减低鱼类的咸度，食用时，味道更加鲜美可口。

# 中国传统烹饪方法

### 煮氽涮卤煨炖类

煮：煮是原料加多量汤或清水，旺火烧沸转中小火加热成菜的烹调方法。

氽：氽是小型原料在沸汤中快速致熟的烹调方法。

涮：涮是由食用者将备好的原料夹入沸汤中，来回晃动至熟供食的烹调方法。

卤：卤是将原料用卤汁以中、小火煨、煮至熟或烂并入味的烹调方法。

煨：煨是将原料加多量汤水后用旺火烧沸，再用小火或微火长时间加热至酥烂而成菜的烹调方法。

炖：炖是将原料加汤水及调味品，旺火烧沸后用中、小火长时间烧煮成菜的烹调方法。

## 不一样的美食

### 烧焖扒烩类

烧：烧是将经过初步熟处理的原料加适量汤（或水）用旺火烧开，中、小火烧透入味，旺火收汁成菜的烹调方法。

焖：焖是将经初步熟处理的原料加汤水及调味品后密盖，用中小火较长时间烧煮至酥烂而成菜的烹调方法。

扒：扒是将经过初步熟处理的原料整齐入锅，加汤水及调味品，小火烹制收汁，保持原形成菜装盘的烹调方法。

烩：烩是将几种原料混合在一起，加汤水用旺火或中火烧制成菜的烹调方法。

BU YI YANG DE MEI SHI

## 炸烹熘爆炒煎贴塌类

炸：炸是以多量食油旺火加热使原料成熟的烹调方法。成品特点是酥、脆、松、香。

烹：烹是原料经熟处理后，泼入调味汁，利用高温使味汁大部分汽化而渗入原料，并快速收干的烹调方法。

熘：熘是将烹制好的熘汁浇淋在预熟好的主料上，或把主料投入熘汁中快速翻拌均匀成菜的烹调方法。

爆：现代爆法根据传热介质的不同，一般分为油爆、汤爆两类。油爆有两种方法：一是主料不上浆，先在沸水中稍氽，再用255℃左右的油中速炸，然后急炒成菜的方法。汤爆与氽类似，把加工成花刀块或薄片的主料在沸汤中快速焯至断生后捞入碗内，另外用相当于两倍主料体积的沸汤进行调味，盛入主料碗内而成菜的方法。

炒：炒是以少油旺火快速翻炒小形原料成菜的方法。

煎：煎是原料平铺锅底，用少量油，加热使原料表面呈金黄色而成菜的烹调方法。

贴：贴是将几种原料经刀工成形后，加调味品拌渍，合贴在一起，挂糊后在少量油中先煎一面，使其呈金黄色，另一面不煎或稍煎而成菜的烹调方法。

塌：塌是原料挂糊后煎制并烹入汤汁，使之回软并将汤汁收尽的烹调方法。

不一样的美食

### 蒸烤熏类 >

蒸：蒸是利用蒸汽传热使原料成熟的烹调方法。

烤：烤是利用柴草、木炭、煤、可燃气体、太阳能或电为能源所产生的辐射热，使原料成熟的烹调方法。

熏：熏是将原料置于密封的容器中，利用燃料的不完全燃烧所生成的烟使原料成熟的烹调方法。

### 其他制法 >

拔丝：是将糖熬成能拉出丝的糖液，包裹于炸过的原料上的成菜方法。

蜜汁：是以白糖与冰糖或蜂蜜加清水将原料煨、煮成带汁菜肴的烹调方法。

醉：醉是原料用以酒为主的味汁浸渍或先用酒浸渍吃时再调味成菜的烹调方法。

烘：烘是将原料置于无焰小火上，利用辐射热使之成熟的烹调方法。

糟：是以糟卤为主要调味料将原料腌、浸、渍成菜的烹调方法。

浸：浸是将原料下入沸热液体致熟而成菜的烹调方法。

冻：冻是利用胶质冷却凝固原理制成食品的烹调方法。

## 食物的配伍

相须：性能作用相类似的两种食物配合，可起协同作用，增强效用。

相使：两种食物相配，以一种为主，另一种为辅，可提高主要食物的作用。

相畏：一种食物能减轻或消除另一种食物的副作用。

相恶：一种食物能降低另一种食物的作用，甚至相互抵消。

相反：食物相配时能产生毒、副作用。

食物禁忌：配伍禁忌，即食物相克；发物禁忌，易诱发某些疾病或加重已发疾病的食物。

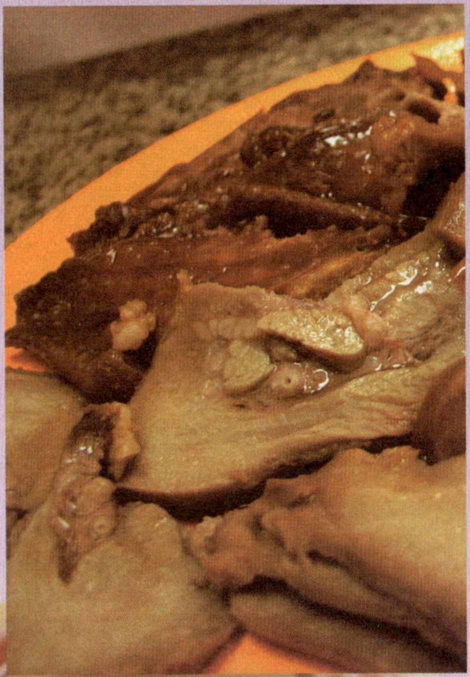

## 中国菜之美

人们在食用菜点、品尝、鉴赏菜点时,菜点作用于人的美感因素涉及色彩、触感、香气、滋味、形态、营养、卫生、名称、器皿和意境等诸多方面。人们对菜点美的感受,是多种因素共同作用的结果。

## 不一样的美食

### 营养卫生

在汉语里,"营"是谋求的意思,"养"是养身或养生的意思,从字面上讲,"营养"是指通过食物谋求养生。通常我们把机体摄取、消化、吸收和利用食物中的成分以维持生命活动的整个过程,称为营养或营养作用。食物中所含的能够维持人体正常生理功能、生命活动和生长发育所必需的成分,称为营养素。重要的营养素有蛋白质、脂类、碳水化合物、维生素、无机盐和水。合理的菜点营养贯穿于饮食活动的始终,它是美食的前提、基础、灵魂和目的。基本要求是原料品质优良,营养合理搭配,有利人体健康。

"卫生"一词源于《庄子·庚桑楚》:"愿闻卫生之经而矣",原意也为养生或养身。现在所说的卫生,是指为增进健康、预防疾病,改善和创造合乎生理要求的生产环境和生活条件而采取的个人和社会措施。菜点卫生的基本要求是安全可食,无毒副作用。

## 色彩 >

色彩是指菜点的颜色。色彩具有象征意义，不同颜色的菜肴具有不同的心理味觉（见下表）。

菜点色彩的配合原则：色泽既要鲜明，又要协调；突出主色，选好配色；注意冷暖色的搭配；注意灯光色彩的配合。

**色彩的象征意义与心理味觉**

| 色彩 | 象征意义 | 心理味觉 |
|---|---|---|
| 白 | 纯洁、朴实、洁净、明快 | 质洁、软嫩、清淡、白色，带油光时肥浓 |
| 黑 | 严肃、庄重、威严、神秘、静寂 | 煳苦感、干香、味浓、余味隽永 |
| 红 | 热情、激昂、喜庆、健康、愤怒、危险 | 强烈、鲜明、味浓、酸、甜、香 |
| 黄 | 光明、愉快、希望、智慧、尊贵 | 金黄：多酥脆，干香；淡黄：嫩而淡香，甜味感，有时有淡味寡之感；深黄：香甜、肥糯 |
| 绿 | 和平、健康、宁静、新生、清新、春天、暗绿恐怖 | 清淡、嫩爽 |

## 不一样的美食

### 香气

　　香气是令人产生愉快感觉的气味。气味属于嗅感，是挥发性物质刺激鼻腔嗅觉神经而在中枢神经中引起的感觉。人们常常根据自己的喜好和厌恶，把气味人为地划分为香和臭。香是令人喜爱的气味，臭则是令人厌恶的气味。由于人对气味的好恶各有不同，因而认识也有区别。如臭豆腐，有人说臭，有人却说香。可见，香与臭并不是绝对的。但无论是香还是臭，它们都是气味，是单纯的嗅觉感受，我们可以沿用"香味"这种习惯叫法，但要同味严格区别开来。

　　调香方法：调香方法，是指利用调料来消除和掩盖异味，配合和突出原料香气，调和并形成菜肴风味的操作手段。调香的方法较多，根据调香原理及作用的不同，分为抑臭调香法、加热调香法、封闭调香法、烟熏调香法4类。

## 滋味

滋味是某种物质刺激味蕾所引起的感觉。味觉的化学成分对味蕾的作用是一种化学诱导作用,故味觉在本质上属化学属性。味分基本味和复合味。基本味又称单一味,是最基本的滋味。实际上,只有一种味道的菜肴是不存在的,复合味是由基本味的调料调制而成的。

滋味的种类:从味觉生理角度看,公认的基本味只有咸、甜、酸、苦4种。我国古代流行"五味说",即酸、甜、苦、辣、咸。实际上,辣、麻是触觉,不是味蕾感受到的,但因传统习惯,我国约定俗成地将辣、麻归于滋味中。现在有人证实,鲜味也是一种生理基本味。我国的基本味包括7种:即咸、甜、酸、辣、鲜、苦、麻。

菜点味觉美有浓烈美、清淡美等类型。浓烈美味觉美最主要、最基本的一种类型。浓烈的美味,通过对烹饪原料较大幅度的改变,蕴含着人类对自然界的征服和改造,并由此获得精神愉悦。给人一种粗犷、阔大、厚实、雄浑、豪放的美感。清淡美强调质朴自然的本味,突出原料本身的风味,含蓄隽永。给人优雅、婉约、沉静、悠远的美感。

中国菜点的调味原则:富于变化;根据原料特点合理调制;调味须适时适量。

## 不一样的美食

### 形态 >

形态：体现美食效果，服务于食用目的的富于艺术性和美感的造型。

菜点的常见形态：自然形态；几何形态；象形形体。

菜点形式美的构成法则：对称与均衡；对比和调和；渐次、节奏与韵律；反复与比例。

### 触感 >

触感指食物在口腔中咀嚼所产生的对口腔皮肤的接触感觉。

菜点质感的类型：菜肴质感，可以划分为单一质感和复合质感两大类。

单一质感：通常所说的单一质感主要包括以下几类：老嫩感：嫩、筋、挺、韧、老、柴、皮等；软硬感：柔、绵、软、烂、脆、坚、硬等；粗细感：细、沙、粉、粗、糙、毛、渣等；滞滑感：润、滑、光、涩、滞、黏等；爽腻感：爽、利、油、糯、肥、腻等；松实感：疏、酥、散、松、泡、暄、弹、实等；稀稠感：清、薄、稀、稠、浓、厚、湿、糊、干、燥等。

复合质感：是指菜点质地的双重性和多重性。双重质感是指由两种单一质感构成的质地感觉。如细嫩、嫩滑、柔滑、焦脆、粉糯、黏稠等。多重质感是由3种以上的单一质感构成的质地感觉。

触感的设计原则：把握人们吞咽难易之度；要有层次，避免单调；因人而异。

### 器皿 >

器皿是指盛装菜点的餐具。"葡萄美酒夜光杯","美食还宜美器","美食不如美器",美器不仅早已成为古人美食的重要审鉴标准之一,甚至发展成为独立的工艺品种类,有独特的鉴赏标准。

菜点器皿的种类:按材质分,菜点器皿可分为金属(青铜、铁、锡、金、银、铝、钢、合金)、非金属(陶、瓷、玉、琥珀、玛瑙、玻璃、琉璃、水晶、翡翠、骨、角、螺壳、竹、木、漆等)器皿。按用途分,菜点器皿可分为盘、碗、沙锅、气锅、火锅等类型。

盛器与菜点的配合原则:盛具的大小应与菜点的分量相适应;盛具的品种应与菜点的品种相配合;盛具的色彩应与菜点的色彩相协调。盛具与菜点配合能体现美感。

## 不一样的美食

### 名称

名称即菜点之名。不同的名称又可在人们心中形成不同的感受。

• **菜点命名类型**

菜点的命名方法很多，概括起来讲有两大类："阳春白雪"式的寓意性命名法和"下里巴人"式的写实性命名法。

写实性命名：写实性命名是一种如实地反映原料构成，烹制方法和地方特色的命名方法。其特点是开门见山，突出主料，朴素中稍加点缀，素净里蕴含文雅，使人一看便可大致了解菜点的构成和特色。如青椒肉丝、青豆虾仁、西湖醋鱼、武汉豆皮、东坡肉、麻婆豆腐、宫保鸡丁、拔丝苹果、香酥鸭、冬瓜盅等。

寓意性命名：寓意性命名法是一种撇开菜点的具体内容而另立新意，抓住其某一特色加以艺术手法渲染气氛，以达到雅致奇巧，耐人寻味的一种命名方法。如霸王别姬、油炸桧、彩蝶迎春、松鹤延年、桃花泛等。

菜肴的命名原则：满足顾客求实心理；文字简洁、易读易记；突出特色、诱发情感；启发联想、情趣健康。

- 意境

　　意境是客观景物和主观情思融合一致而形成的艺术境界，具有情景相生和虚实相成以及激发想象的特点，能使人得到审美的愉悦。

　　营造菜点意境的艺术手法：意境多用含蓄手法设置脉脉含情的环境，令食者触景生情、联想翩翩，情感升华，不可直抒胸臆，一泻千里。应让食者自己去感觉，去揣摩，去捕捉，去体验，去联想。造意手法多样，主要表现为比喻、象征、双关、借代等。

　　比喻：是用甲事物来譬比与之有相似特点的乙事物。如"鸳鸯戏水"是用鸳鸯造型来比喻夫妻情深恩爱。

　　象征：象征是以某一具体事物表现某一抽象的概念。主要反映在色彩的象征意义和整个立体造型或某一局部的象征意义等方面。

　　双关：指利用语言上的多义和同音关系的一种修辞格。菜肴造型多利用谐音双关。如"连年有鱼"等。

　　借代：指以某类事物或某物体的形象来代表所要表现的意境，或以物体的局部来表现整体。如"珊瑚鳜鱼"是借鳜鱼肉的花刀造型来表现珊瑚景观。

不一样的美食

## ● 西餐的层层推进

西餐是中国人和其他部分东方国家和地区的人民对西方国家菜点的统称,广义上讲,也可以说是对西方餐饮文化的统称。

"西方"习惯上是指欧洲国家和地区,以及由这些国家和地区为主要移民的北美洲、南美洲和大洋洲的广大区域,因此西餐主要指代的便是以上区域的餐饮文化。

西方人把中国的菜点叫作"中国菜",把日本菜点叫作日本料理、韩国菜叫作韩国料理等等,他们不会笼而统之地称之为"东方菜",而是细细对其划分,依其国名具体而命名之。

实际上,西方各国的餐饮文化都有各自的特点,各个国家的菜式也不尽相同,例如法国人会认为他们做的是法国菜,英国人则认为他们做的菜是英国菜。西方人自己并没有明确的"西餐"概念,这个概念是中国人和其他东方人的概念。

这是因为中国人和其他东方人在刚开始接触西方饮食时还分不清什么是意大利菜,什么是法国菜、英国菜,只能有

一个笼统的概念。当时中国人就笼统地称其为"番菜","番"即西方的意思。中国古人常常以为中国就是世界的中心,看待其他国家和地区都习惯带上一种贬意,把东方称之为"夷"、西方称之为"番"、北方称之为"胡"、南方则称之为"蛮"。因此,所谓的"番菜"指的就是西餐。

另外,就西方各国而言,由于欧洲各国的地理位置都比较近,在历史上又曾出现过多次民族大迁移,其文化早已相互渗透融合,彼此有了很多共同之处。再者,西方各国的宗教信仰主要是天主教、东正教和新教,它们都是基督教的主要分支,因此在饮食禁忌和用餐习俗上也大体相同。至于南、北美洲和大洋洲,其文化也是和欧洲文化一脉相承的。因此,不管西方人是否有明确的"西餐"概念,中国人和其他东方人都对这部分大体相同而又与东方饮食迥然不同的西方饮食文化统称为"西餐"。

但近些年以来,随着东西方文化的不断撞击、渗透与交融,东方人已经逐渐了解到西餐中各个菜式的不同特点,并开始区别对待了。一些高级饭店也分别开设了法式餐厅、意式餐厅等,西餐作为一个笼统的概念逐渐趋于淡化,但西方餐饮文化作为一个整体概念还是会继续存在的。

## 不一样的美食

### 西餐分类

- **法式菜肴**

  法式菜肴是西菜之首。法国人一向以善于吃并精于吃而闻名，法式大餐至今仍名列世界西菜之首。

  法式菜肴的特点是：选料广泛（如蜗牛、鹅肝都是法式菜肴中的美味），加工精细，烹调考究，滋味有浓有淡，花色品种多；法式菜还比较讲究吃半熟或生食，如牛排、羊腿以半熟鲜嫩为特点，海味的蚝也可生吃，烧野鸭一般以六成熟即可食用等；法式菜肴重视调味，调味品种类多样。用酒来调味，什么样的菜选用什么酒都有严格的规定，如清汤用葡萄酒，海味品用白兰地酒，甜品用各式甜酒或白兰地等；法国菜和奶酪，品种多样。法国人十分喜爱吃奶酪、水果和各种新鲜蔬菜。

  法式菜肴的名菜有：马赛鱼羹、鹅肝排、巴黎龙虾、红酒山鸡、沙福罗鸡、鸡肝牛排等。

- **英式菜肴**

  英式菜肴：简洁与礼仪并重。英国的饮食烹饪，有家庭美肴之称。

  英式菜肴的特点是：油少、清淡，调味时较少用酒，调味品大都放在餐台上由客人自己选用。烹调讲究鲜嫩，口味清淡，选料注重海鲜及各式蔬菜，菜量要求少而精。英式菜肴的烹调方法多以蒸、煮、烧、熏、炸见长。

  英式菜肴的名菜有：鸡丁沙拉、烤大虾苏夫力、薯烩羊肉、烤羊马鞍、冬至布丁、明治排等。同时鱼与薯条是大众最熟悉的英式餐品。

## 美式菜肴

美式菜肴营养快捷。美国菜是在英国菜的基础上发展起来的,继承了英式菜简单、清淡的特点,口味咸中带甜。美国人一般对辣味不感兴趣,喜欢铁扒类的菜肴,常用水果作为配料与菜肴一起烹制,如菠萝焗火腿、苹果烤鸭。喜欢吃各种新鲜蔬菜和各式水果。

美国人对饮食要求并不高,只要营养、快捷,讲求的是原汁鲜味。但对肉质的要求很高,如烧牛柳配龙虾便选取来自美国安格斯的牛肉。只有半生的牛肉才有美妙的牛肉原汁。

相对于传统西餐的繁琐礼仪,美国人的饮食文化简单多了。餐台上并没有多少刀叉盘碟,仅放着最基本的刀叉勺子各一把。据说,只有在非常正式的宴会或家庭宴客时,才会有较多的规矩和程序。

美式菜肴的名菜有:烤火鸡、橘子烧野鸭、美式牛扒、苹果沙拉、糖酱煎饼等。各种派是美式食品的主打菜品。

## 意式菜肴

意式菜肴是西菜始祖。意大利作为欧洲的政治、经济、文化中心,虽然后来意大利落后了,但就西餐烹饪来讲,意大利却是始祖,可以与法国、英国媲美。

意式菜肴的特点是:原汁原味,以味浓著称。烹调注重炸、熏等,以炒、煎、炸、烩等方法见长。

意大利人喜爱面食,做法吃法甚多。其制作面条有独到之处,各种形状、颜色、味道的面条至少有几十种,如字母形、贝壳形、实心面条、通心面条等。意大利人还喜食意式馄饨、意式饺子等。

意式菜肴的名菜有:通心粉素菜汤、焗馄饨、奶酪焗通心粉、肉末通心粉、比萨饼等。

## 不一样的美食

• **俄式菜肴**

俄式菜肴是西菜经典。

沙皇俄国时代的上层人士非常崇拜法国，贵族不仅以讲法语为荣，而且饮食和烹饪技术也主要学习法国。但经过多年的演变，特别是俄国地带，食物讲究热量高的品种，逐渐形成了自己的烹调特色。俄国人喜食热食，爱吃鱼肉、肉末、鸡蛋和蔬菜制成的小包子和肉饼等，各式小吃颇有盛名。

俄式菜肴口味较重，喜欢用油，制作方法较为简单。口味以酸、甜、辣、咸为主，酸黄瓜、酸白菜往往是饭店或家庭餐桌上的必备食品。烹调方法以烤、熏、腌为特色。俄式菜肴在西餐中影响较大，一些地处寒带的北欧国家和中欧南斯拉夫民族人们日常生活习惯与俄罗斯人相似，大多喜欢腌制的各种鱼肉、熏肉、香肠、火腿以及酸菜、酸黄瓜等。

俄式菜肴的名菜有：什锦冷盘、鱼子酱、酸黄瓜汤、冷苹果汤、鱼肉包子、黄油鸡卷等。哈尔滨由于历史的原因，现尚保存有正宗的俄式西餐。

• **德式菜肴**

德式菜肴的重点是啤酒、自助。德国人对饮食并不讲究，喜吃水果、奶酪、香肠、酸菜、土豆等，不求浮华，只求实惠营养，首先发明自助快餐。

传统菜品：蔬菜沙拉、鲜蘑汤、焗鱼排等。

德国人喜喝啤酒，每年的慕尼黑啤酒节大约要消耗掉100万升啤酒。

• **其他菜系**

希腊菜：以清淡典雅、原汁原味为特点。西班牙－葡萄牙菜肴以米饭著称，常是与焖烩的肉、海鲜为佐。东欧菜系与俄式相近。

### 西餐菜点顺序

西餐菜单上有四或五大分类，其分别是开胃菜、汤、沙拉、海鲜、肉类、点心等。应先决定主菜。主菜如果是鱼，开胃菜就选择肉类，在口味上就比较富有变化。除了食量特别大的外，其实不必从菜单上的单品菜内配出全餐，只要开胃菜和主菜各一道，再加一份甜点就够了。可以不要汤，或者省去开胃菜，这也是很理想的组合（但在意大利菜中，意大利面被看成是汤，所以原则上这两道菜不一起点）。

• 头盘

西餐的第一道菜是头盘，也称为开胃品。开胃品的内容一般有冷头盘和热头盘之分，常见的品种有鱼子酱、鹅肝酱、熏鲑鱼、鸡尾杯、奶油鸡酥盒、焗蜗牛等。因为是要开胃，所以开胃菜一般都有特色风味，味道以咸和酸为主，而且数量少，质量较高。

### 不一样的美食

• 汤

和中餐不同的是，西餐的第二道菜就是汤。西餐的汤大致可分为清汤、奶油汤、蔬菜汤和冷汤等类。品种有牛尾清汤、各式奶油汤、海鲜汤、美式蛤蜊汤、意式蔬菜汤、俄式罗宋汤、法式焗葱头汤。冷汤的品种较少，有德式冷汤、俄式冷汤等。

• 副菜

鱼类菜肴一般作为西餐的第三道菜，也称为副菜。品种包括各种淡、海水鱼类、贝类及软体动物类。通常水产类菜肴与蛋类、面包类、酥盒菜肴品都称为副菜。因为鱼类等菜肴的肉质鲜嫩，比较容易消化，所以放在肉类菜肴的前面，叫法上也和肉类菜肴主菜有区别。西餐吃鱼菜肴讲究使用专用的调味汁，品种有鞑靼汁、荷兰汁、酒店汁、白奶油汁、大主教汁、美国汁和水手鱼汁等。

BU YI YANG DE MEI SHI

• 主菜

　　肉、禽类菜肴是西餐的第四道菜，也称为主菜。肉类菜肴的原料取自牛、羊、猪、小牛等各个部位的肉，其中最有代表性的是牛肉或牛排。牛排按其部位又可分为沙朗牛排（也称西冷牛排）、菲利牛排、"T"骨形牛排、薄牛排等。其烹调方法常用烤、煎、铁扒等。肉类菜肴配用的调味汁主要有西班牙汁、浓烧汁精、蘑菇汁、白尼斯汁等。

　　禽类菜肴的原料取自鸡、鸭、鹅，通常将兔肉和鹿肉等野味也归入禽类菜肴。禽类菜肴品种最多的是鸡，有山鸡、火鸡、竹鸡，可煮、炸、烤、焖，主要的调味汁有黄肉汁、咖喱汁、奶油汁等。

• 菜类菜肴

　　蔬菜类菜肴可以安排在肉类菜肴之后，也可以和肉类菜肴同时上桌，所以可以算为一道菜，或称为一种配菜。蔬菜类菜肴在西餐中称为沙拉。和主菜同时服务的沙拉，称为生蔬菜沙拉，一般用生菜、西红柿、黄瓜、芦笋等制作。沙拉的主要调味汁有醋油汁、法国汁、千岛汁、奶酪沙拉汁等。

　　沙拉除了蔬菜之外，还有一类是用鱼、肉、蛋类制作的，这类沙拉一般不加味汁，在进餐顺序上可以作为头盘。

　　还有一些蔬菜是熟的，如花椰菜、煮菠菜、炸土豆条。熟食的蔬菜通常和主菜的肉食类菜肴一同摆放在餐盘中上桌，称为配菜。

- 甜品

　　西餐的甜品是主菜后食用的，可以算做是第六道菜。从真正意义上讲，它包括所有主菜后的食物，如布丁、煎饼、冰淇淋、奶酪、水果等。

- 咖啡和茶

　　西餐的最后一道是上饮料，咖啡或茶。喝咖啡一般要加糖和淡奶油。茶一般要加香桃片和糖。

BU YI YANG DE MEI SHI

 **食物的性能**

四性：指食物具有寒、热、温、凉4种不同的性质和作用。

三性：寒凉：具有滋阴、清热、泻火、解毒等作用。温热：有助阳、温里散寒等作用。平性：性质平和，适于一般体质。

五味：指食物具有辛、甘、酸、苦、咸等不同的味和作用。

辛味食物：有发散、行气、行血、健胃作用，多用于表症。如生姜、辣椒。

甘味食物：滋养、补脾、润燥，用于体虚体质。如山药、大枣、鸡肉。

酸味食物：收敛、固涩，多用于虚汗、久泻、遗精。如乌梅。

苦味食物：清热、降燥、健胃，多用于热性体质、热症，如苦瓜、陈皮。

咸味食物：软坚、润下、补肾、养血，多用于痰核、痞块等症，如海带、海参、乌贼等。

辛、甘属阳，酸、苦、咸属阴。

## ● 餐桌礼仪

**当**被邀请参加早餐、午餐、晚宴、自助餐、鸡尾酒会或茶会时,社交礼仪及餐桌礼仪显得尤为重要,很多学校特地开设了相应的课程,也有许多培训机构瞄准了日渐增长的市场开设了各式各样的培训班。这一次让我们随着本书一起,学习一些简单的餐桌礼仪。

一般来说,被邀请的只有两种,一种是正式的,一种是随意的。如果去的是高档餐厅,男士要穿着整洁的上衣和皮鞋,女士要穿套装和有跟的鞋子。如果指定要求穿正式服装,男士必须打领带。

# 不一样的美食

## 自助餐

自助餐（也是招待会上常见的一种）可以是早餐、中餐、晚餐，甚至是茶点，有冷菜也有热菜，连同餐具放在菜桌上，供客人用。一般在室内或院子、花园里举行，来宴请不同人数的宾客。如果场地太小或是没有服务人员，招待比较多的客人，自助餐就是最好的选择。

自助餐开始的时候，应该排队等候取用食品。取食物前，自己先拿一个放食物用的盘子。要坚持"少吃多跑"的原则，不要一次拿得太多吃不完，可以多拿几次。用完餐后，再将餐具放到指定的地方。不允许"吃不了兜着走"。如果在饭店里吃自助餐，一般是按就餐的人数计价，有些还规定就餐的时间长度，而且要求必须吃完，如果没有吃完的话，需要自己掏腰包"买"你没吃完的东西。

自助餐有两种类型，坐式并且享受部分服务的是最美妙的。它将优雅的环境和轻松的气氛融于一体，这样的聚会需要一定的服务，除非它小得女主人可以应付得过来，同时也需要足够的空间容纳餐桌。另一种是不需要餐桌的，也没有服务或者很少，客人们自娱自乐，可以自带碟子、银具和餐巾到一个自己觉得最舒适的地方，而且随时可以讨论问题。

自助餐，除了解决由于额外服务产生的问题，也解决了女主人安排桌位的问题。当客人们自由选择地点时，先后次序和是否适合、满意等并不是主人的责任。往往提供了很多种菜肴，客人有足够的选择余地，主人也不必担心菜单是否符合他们的胃口。

## 鸡尾酒会

鸡尾酒会的形式活泼、简便，便于人们交谈。招待品以酒水为重，略备一些小食品，如点心、面包、香肠等，放在桌子、茶几上或者由服务生拿着托盘，把饮料和点心端给客人，客人可以随意走动。举办的时间一般是下午5点到晚上7点。近年来，国际上各种大型活动前后往往都要举办鸡尾酒会。

这种场合下，最好手里拿一张餐巾，以便随时擦手。用左手拿着杯子，好随时准备伸出右手和别人握手。吃完后不要忘了用纸巾擦嘴、擦手。用完了的纸巾丢到指定位置。

## 晚宴

晚宴分为隆重的晚宴和便宴两种。

西方的习惯，隆重的晚宴也就是正式宴会，基本上都安排在晚上8点以后举行，中国一般在晚上6点至7点开始。举行这种宴会，说明主人对宴会的主题很重视，或为了某项庆祝活动等。正式晚宴一般要排好座次，并在请柬上注明对着装的要求。其间有祝词或祝酒，有时安排席间音乐，由小型乐队现场演奏。

便宴是一种简便的宴请形式。这种宴会气氛亲切友好，适用于亲朋好友之间，有的在家里举行。服装、席位、餐具、布置等不必太讲究，但仍然有别于一般家庭晚餐。

西方的习惯，晚宴一般邀请夫妇同时出席。如果你受到邀请，要仔细阅读你的邀请函，上面会说明是一个人还是先生或夫人陪同，或者携带伴侣。在回复邀请时，你最好能告诉主人他们的名字。

## 不一样的美食

### 注意事项 >

西餐的一个特点就是餐具多：各种大小杯子、盘子、银器具等。

餐具是根据一道道不同菜的上菜顺序精心排列起来的。座位最前面放食盘（或汤盘），左手放叉，右手放刀。汤匙也放在食盘右边。食盘上方放吃甜食用的匙和叉、咖啡匙，再往前略靠右放酒杯。右起依次是：葡萄酒杯、香槟酒杯、啤酒杯（水杯）。餐巾叠放啤酒杯（水杯）里或放在食盘里。面包盘放在左手，上面的黄油刀横摆在盘里，刀刃一面要向着自己。正餐的刀叉数目要和菜的道数相等，按上菜顺序由外到里排列，刀口向内，用餐时按顺序由外向中间排着用，依次是吃开胃菜用的、吃鱼用的、吃肉用的。

比较正式的餐会中，餐巾是布做的。高档的餐厅餐巾往往叠得很漂亮，有的还系上小缎带。注意，别拿餐巾擦鼻子或擦脸。

小瓶装盐和胡椒，可以在每一套餐具中间的前面放一份，可以每两套餐具之间放一个，甚至只在餐桌的中心位置放一个，这样就可以共用一套

小瓶了。

　　餐具都摆齐以后，不要忘了餐桌的装饰物，例如蜡烛台或用你的茶壶做个小花瓶等，都可以增添浪漫的气氛。

　　招待客人时不要把热水放在玻璃杯里，这样既不科学，又不安全，因为玻璃杯容易烫手。所以，热水、热茶等，应该放在瓷杯里，玻璃杯是用来装冰块或是冷水的。

　　西方喝茶的方式和中国也不一样。中国喝茶方法一般是把茶叶直接放在茶杯里用开水冲着喝，茶叶仍在杯子里。西方是用袋泡茶或把茶叶先放在茶壶里泡，然后把茶水倒出来喝，茶杯里不留茶叶。

　　就座时，身体要端正，手肘不要放在桌面上，不要跷腿，和餐桌的距离以便于使用餐具为佳。餐台上摆好的餐具不要随意摆弄。女主人拿起餐巾时（没女主人就看男主人），表示开始用餐，把餐巾铺在双腿上，如果餐巾很大就对折放腿上，盖住膝盖以上的双腿部分。

　　在正规的晚餐，要等女宾放好餐巾后，男士再放餐巾。最好用双手打开

## 不一样的美食

餐巾,切忌来回抖动地打开餐巾。不要将餐巾别在领口上、皮带上或夹在衬衣的领口。用餐的时候,头要保持一定高度,不能太低,不能过多地移动头。

就餐期间,如果暂时离开座位,可以把餐巾放在椅子上。千万不要把餐巾放在桌上,否则就意味着你不想再吃,让服务员不再给你上菜。

很多主人并不愿意客人在家里吸烟。如果你想吸烟,可以在上甜点之后,并得到男主人或女主人的允许,去指定的地方吸烟。不要坐在用餐的座位上,让身边的客人和你一同享受"仙境"。

### 主要传统年节食俗

春节：农历正月初一，起源于"腊祭"（原始社会），尧舜时已有。主要活动与食俗有祀祖、吃年饭、守岁、拜年、喝春酒、吃年糕、吃饺子等。

元宵节：农历正月十五，起源于远古以大把驱邪（祀太一神），受佛（灯笼）、道教（上元天宫大帝生日），主要活动与食俗有张灯结彩、吃元宵。

清明节：公历4月5日前后，起源于二十四节气之一，与寒食节合一（唐代），主要活动与食俗包括扫墓祭祖、踏青、插柳、植树、荡秋千、野宴等。

端午节：农历五月初五，起源为纪念屈原。主要活动与食俗有赛龙舟、食粽子、咸蛋、饮雄黄酒、菖蒲酒、放艾草、挂香袋、吃蒜挂蒜、插草蒲。

七夕节：农历七月初七，起源于神话故事，主要活动与食俗包括姑娘们聚会、竞赛女红、陈瓜果食品、观"牛郎织女相会"。将"七夕节"宣传为"中国情人节"的时代意义："七夕节"是一个富有浪漫色彩传统节日，历史悠久且有着深厚的文化内涵，象征忠贞爱情的牛郎织女的传说，一直流传民间。

中秋节：农历八月十五，起源于祭月神，主要活动与食俗包括赏月、吃月饼、瓜果，"摸秋"，"送瓜"。

重阳节：农历九月初九，可能起源于秋游去灾并深受道家影响，主要活动与食俗包括登高野游、赏菊、放风筝、吃花糕、插茱萸、迎出嫁女归宁。

冬至节：公历12月22日前后，起源于2二十四节气之一，周代秦以十一月（农历）为正月（过年）。主要活动与食俗包括祭天，祭祖，送寒衣，宴饮，腌制鱼肉，吃饺子，饮酒。

腊八节：农历十二月初八，起源受佛教影响，主要活动与食俗包括佛门弟子施粥扬义，宣扬佛法，吃腊八粥。

送灶节：农历十二月廿四日前后，起源于祭祀灶神，主要活动与食俗包括用胶牙糖、糍粑、果品、豆腐、马料等祭灶（曾用黄羊祭灶），吃"小年"饭，有的地区吃"人口粥"（迎玉皇）。

## 不一样的美食

### 刀与叉的语言

英美人的饮食习惯不一样。吃肉菜时,英国人左手拿叉,叉尖朝下,把肉扎起来,送入口中,如果是烧烂的蔬菜,就用餐刀把菜拨到餐叉上,送入口中;美国人用同样的方法切肉,然后右手放下餐刀,换用餐叉,叉尖朝上,插到肉的下面,不用餐刀,把肉铲起来,送入口中,吃烧烂的蔬菜也是这样铲起来吃。吃饭时,利用叉子的背面舀起来吃虽然未违反餐桌的礼仪,不过看来起的确是不怎么雅观。吃米饭之类的料理时,可以很自然地将叉子转到正面舀起食用,因为叉子的凹下部位正是为此用法而设计的。这时候,也可利用刀子在一旁辅助用餐动作。将餐盘上的料理舀起时,利用刀子挡着以免料理散落到盘子外面,如此一来就可以很利落地将盘内食物舀起。如有淋上调味酱的料理,也可以利用刀子刮取调味酱,再以汤匙或调味酱用汤匙将料理送入口中。如以叉子叉住,再用汤匙淋上调味酱后食用,则是错误的动作,因为这样一来,在料理送往口中时,酱料会滴滴答答落得到处都是,搞得一团糟。以叉子舀起料理时,以左手持用叉子,将食物置于叉子正面的叉腹上送入口中。在与朋友

聚餐的轻松场合,如果无须用到刀子,可以用右手拿叉子进餐。饭应以正面叉腹而非叉子背面舀起,这样可以比较容易食用,而且也较优雅自然。当盘子内的细碎食物聚集时,可利用刀子挡着,再以叉子靠近舀起。利用汤匙代替刀子也是可以的。以叉子将料理聚集到汤匙上,再以汤匙将食物送入口中。调味酱用汤匙与一般汤匙的用法是一样的。应利用叉子将料理推到调味酱汤匙上食用,而非以叉子叉住料理再以调味酱用汤匙淋上酱料,因为后者是违反礼节的。

• 刀与叉的种类

　　刀、叉等银器类皆称为Cut-lery。刀、叉又分为肉类用、鱼类用、前菜用、甜点用，而汤匙除了前菜用、汤用、咖啡用、茶用之外，还有调味料用汤匙。调味料用汤匙即添加调味料时所使用的汤匙，多用于甜点或是鱼类料理。如今所使用的餐具依料理的变化而不断变化。正式西式料理的套餐中，常依不同料理的特点而配合使用各种不同形状的刀叉，并不是一开始就全部摆出来的。说到全套，很容易使人联想到在餐桌上摆满银器的画面，而现在大都是以点用2～3道单品料理的方式为主流。所以，在餐桌上摆满银器的正式用餐摆设，可能只能在喜宴上才能看得到了。最近，使用一套刀与叉的情况渐少，仅吃2～3道前菜的人愈来愈多，而刀叉也并不随之变换，大都是以一组刀叉吃接着送上的前菜。而那种在刀叉架上摆着的刀与叉（或汤匙），并放置于餐盘右侧的餐厅也日渐增加。肉类料理所使用的刀的形状，不论是哪一家餐厅大致上都一样，不过鱼类料理所使用的刀，往往依各餐厅而有所不同。尤其是最近，与肉类料理用刀的宽度相同的鱼类料理用刀有逐渐增加的趋势，且比这宽度更宽的也很常见，也有一些刀幅更宽并在刀刃部分加上豪华装饰的鱼类料理用刀。此外，还有餐厅以调味料汤匙代替鱼类料理用刀。刀叉架就像是中国的筷架一样。有时是刀与叉（或汤匙）两只为一组放置在刀叉架上；有时是将刀、叉、汤匙三只为一组，放置在刀叉架上；有时是刀与叉（或汤匙）两只为一组放置其上，使刀的刀刃部与叉子的前部不会碰触到桌巾。

## 不一样的美食

• 刀与叉的摆放

用餐中为八字形，如果在用餐中途暂时休息片刻，可将刀叉分置盘中，刀头与叉尖相对呈"一"字形或"八"字形，刀叉朝向自己，表示还是继续吃。如果是谈话，可以拿着刀叉，无须放下，但若是作手势时，就应放下刀叉，千万不可手执刀叉在空中挥舞摇晃。应当注意，不管任何时候，都不可将刀叉的一端放在盘上，另一端放在桌上。

刀与叉除了将料理切开送入口中之外，还有另一项非常重要的功用。刀叉的摆置方式传达出"用餐中"或是"结束用餐"之讯息。而服务生是利用这种方式，判断客人的用餐情形，以及是否收拾餐具准备接下来的服务等等，所以要能够记住正确的餐具摆置方式，特别要注意的是刀刃侧必须面向自己。

用餐结束的摆置方式有两种：用餐结束后中，可将叉子的下面向上，刀子的刀刃侧向内与叉子并拢，平行放置于餐盘上。接下来的摆置方式又分为英国式与法国式，不论哪种方式都可以，但最常用的是法国式。尽量将柄放入餐盘内，这样可以避免因碰触而掉落，服务生也较容易收拾。出席结婚餐宴时，不论怎么将餐具摆成"用餐中"的位置，只要主要宾客用餐结束，就应立即把所有的料理收起。所以宴会时，切记皆以主要宾客为中心进行。在宴会中，每吃一道菜用一副刀叉，对摆在面前的刀叉，是从外侧依次向内取用，因为刀叉摆放的顺序正是每道菜上桌的顺序。刀叉用完了，上菜也结束了。中途需谈话或休息时，应该将刀

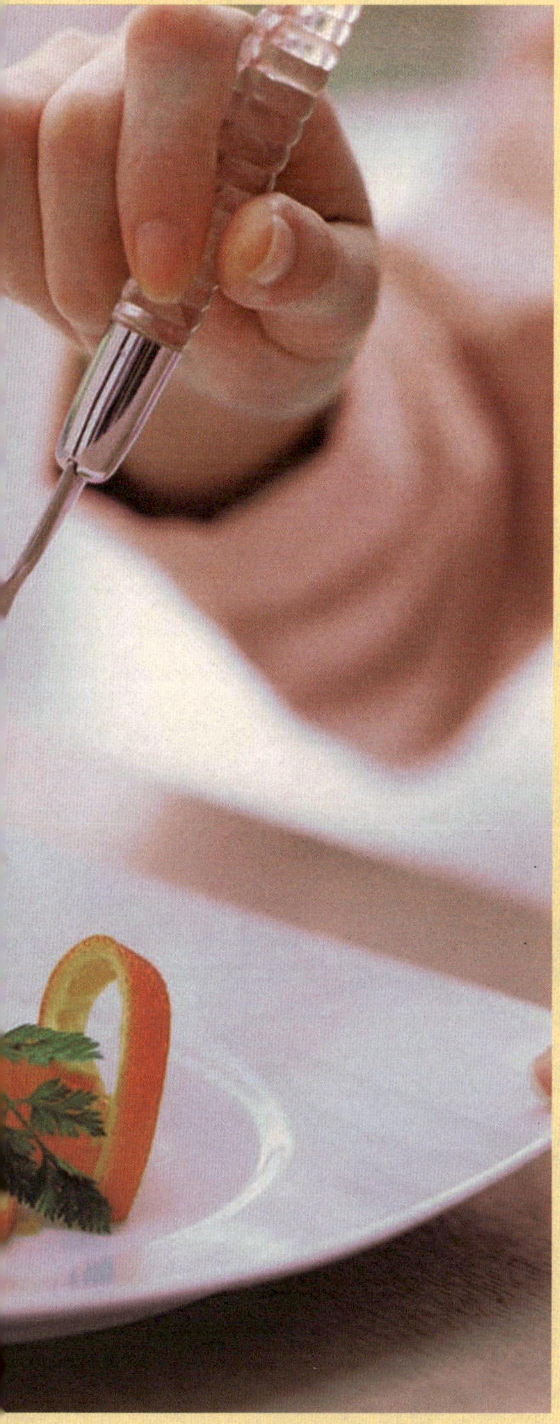

叉呈八字形平架在盘子两边。反之，刀叉柄朝向自己并列放在盘子里，则表示这一道菜已经用好了，服务员就会把盘子撤去。前菜或是甜点等，如果是可以直接用叉子叉起食用的料理，没有必要刻意地一定使用刀。在家庭内的餐会或是与朋友之间的轻松聚餐，像沙拉或是蛋包饭之类较软的料理也可以只使用叉子进餐。但是在正式的宴席上使用刀叉，能给人较为优雅利落的感觉。

在欧洲等地，常可看见有人右手拿叉子，左手则拿着面包用餐。不管吃得怎么利落优雅，这样用餐也只能在家庭或大众化的店中，在高级餐厅内是绝对行不通的。没用过的刀，就这样放在桌上即可，服务生会自动将它收走。

虽说将刀与叉放在餐盘上并拢是代表结束用餐的讯息，但是没有必要把干净刀子特地放入弄脏的餐盘内。没有用过的餐具保持原状放在原处即可，硬要追求形式的规则反而显得奇怪。随机应变，依当时的状况处理才是最正确的。

即使掉了也不算出丑，但是自己弯下腰去捡就丢脸了。所以东西掉了的时候最好请服务生过来替你捡起。服务生随时都在注意客人的情况，所以会很快地再拿新的餐具过来，万一服务生没有注意到，可以面向服务生稍微将手抬高一下，尽量不要引起其他人侧目注视。服务生的工作是为了使客人能更愉快地用餐，所以尽可向他们提出要求。

# 不一样的美食

• 刀与叉的用法

两只一组使用刀、叉为正式的用法。右手拿刀，左手拿叉，与筷子同样的是以两只为一组，刀用来切割食物，叉用于送食物入口。应该注意的是，千万别用刀取食物送入嘴里。

叉子的拿法为将食指伸直按住叉子的背部。刀除了与叉子同样拿法外，还可以用拇指与食指紧紧夹住刀柄与刀刃的接合处。可依料理选择较容易进餐的方法。用拇指抵住侧边，再将食指伸直，分别按住刀叉的背部，用力夹紧。这是吃肉类料理或较硬的料理时所使用的方式。以拇指与食指捏住刀柄与刀刃的接合处，其他手指再轻轻地扣住刀柄。叉子的拿法则与上述相同。这是吃鱼类料理或是较软的料理时所使用的方式。如果以全部手指握住的话，会破坏整体平衡，利用拇指与食指握住才是拿刀叉的要诀。调味料汤匙是法国料理中较独特的餐具。虽然以前就已经存在，不过最近才逐渐被普及。

一段时期，法国料理中流行较浓稠的酱料，即使用刀也可以取得调味酱料，但是其后则流行较清淡的酱料，所以为了取得调味酱料，只好将调味料用汤匙再次改良。当以汤匙或调味料用汤匙代替刀时，须右手拿汤匙，左手拿叉。汤匙的握法则与握笔方法相同。用调味料用汤匙切食物时，握法与刀相同。不过在取调味酱料时，握法则须与汤匙的拿法相同。食物切好后，在盘子上将料理与酱料一起舀起食用。

可以全部切好后再以右手拿叉子吃吗？如果是家里或是气氛较轻松的店内，这是没有关系的，不过在高级餐厅内最好尽量避免。例如，在高级料理店内，是绝不会像在自己家里一样，把饭碗拿到嘴边，大口大口地吃饭。同样，在高级餐厅内，将叉子换到右手用餐，也一样是不合时宜的。不习惯用左手拿叉子，也许会感到很困难，不过一旦能够灵活使用，就更能体会到用餐的乐趣。

• 刀法的运用

切：切是使用非常广泛的加工方法。这种刀法的要领是：刀和原料成垂直状态，右手握刀，左手按稳原料，用食指、中指和无名小指的第一骨节抵住刀左侧，均匀地控制刀的后移，从上向下操作。这种方法主要用于加工一些无骨的原料。切，可分为直切、推切、推拉切、锯切、滚切、转切、拨切等方法。

1. 直切：操作要领是，用刀笔直地切下去，一刀切断，切时既不前推，也不后拉，着力点在刀的中部。这种刀法主要适宜切一脆硬性的原料，如各种蔬菜。

2. 推切：操作要领是，用刀由上往下压的同时，有往前推的动作。由刀的中前部下刀，最后的着力点在刀的中后部。这种刀法适宜切较厚的脆硬性原料，如土豆、萝卜等。也适宜切略有韧性的原料，如较嫩的肉类。

3. 拉切：操作要领是，用刀由上往下压的同时，有向后拉的动作。由刀的中部入刀，最后的着力点在刀的前部。这种刀法适宜切较细小或松脆性原料，如黄瓜、

## 不一样的美食

葱头、芹菜、西红柿等。

4. 推拉切：操作要领是，用刀由上往下压的同时，先向前一推，再向后一拉。向前一推是便于入刀，向后一拉时切断，这样一推一拉，不再重复，由刀的中部入刀，最后的着力点在刀的中前部。这种刀法适宜切韧性较大的原料，如各种生的肉类等。

5. 锯切：操作要领是，用刀由上往下压的同时，先向前一推，再向后一拉，这样反复数次，最后切断。由刀的中部入刀，最后的着力点仍在刀的中部。这种刀法适宜切较厚的并带有一定韧性的原料，如各种熟肉、肠子等。

6. 滚切：操作要领是，用刀由下往上压直切下去，切一刀滚动原料一次，着力点在刀的中前部。这种刀法适宜切圆形或长圆形质地脆硬的原料，如萝卜、土豆等，主要用来加工滚刀块。

7. 转切：操作要领是，用直刀法运刀，

切一刀转动原料一次,着力点在刀的中前部。这种刀法适宜用3号分刀切圆形的脆硬性原料,如土豆、胡萝卜、葱头等,主要用来加工西瓜块。

8. 拨切:操作要领是,用直刀法运刀,切一刀向旁边拨动一次,着力点在刀的中前部。这种刀法适宜切质地绵软容易粘刀的原料,如面球、土豆泥等。

片:片也是使用广泛的刀法之一。操作要领是:左手按稳原料,手指略上跷,刀与原料平行或成锐角和钝角。这种方法适宜加工无骨的原料或大型带骨的熟料。由于原料的性质不同,在刀法上可分为平刀片、反刀片、斜刀片。

1. 平刀片:刀与原料成平行状态的片法叫平刀片。由于原料的性质不同,在操作中又分为直刀片、拉刀片、推拉刀片。

2. 直刀片:操作要领是,刀与原料平行,从右端入刀,平行向前推进,一刀片到底,着力点在刀的中部。这种刀法适宜片形状较小、质地较嫩的原料,如肉冻、黄油等。

3. 拉刀片:操作要领是,从原料右前方入刀,入刀后由前向后拉一刀,将原料片下。这种刀法适宜片形状较小,质地较嫩的原料,如鸡片、鱼片、虾片等。

4. 推拉刀片:操作要领是,从原料中部入刀,入刀后先向前推,再向后拉,可反复1～2次,最后将原料片断。这种方法一般由原料的下方出片。这种刀法适宜加工韧性较大的原料,主要是各种肉类。

5. 反刀片:刀口向外与菜板约成135°～180°角。用直片或推拉片的方法由

原料的上面片下。这种方法适宜加工大型、带骨且有一定韧性的熟料，如烤羊腿、烤小牛腿等。

6. 斜刀片（又叫抹刀片）：刀口向里，与菜板约成0°～450°角，用拉片的方法从原料的上面片下。这种方法适宜加工形状较小、质地较嫩的原料，如里脊、鱼、虾等。

拍：拍是西餐传统的加工方法。由于这种加工方法对原料的组织结构有一定的破坏性，故目前在西方不再提倡。但在制作一些传统菜肴时仍然使用。而在我国，由于受原料的局限性和传统操作习惯的约束，以致这种加工方法目前在我国的西餐中仍普遍使用。

拍的方法主要用来加工肉类原料。它的作用是破坏原料的纤维，使原料的质地由硬韧性变松软；使原料的形状变薄，平面面积变大；使原料的表面平滑均匀。

拍的操作要领是：把切割好的原料横断面朝上放在菜墩上按平，右手握住拍刀向下拍。用力的大小根据原料的硬韧程度而定，原料的纤维越粗硬，用力就越大。左手按住原料的骨把，如无骨把，就每拍一下，左手指随之轻按一下按料，以防被刀带起。

拍的方法又可分为直拍和拉拍两种。直拍：操作方法是，右手握拍刀柄平面朝下直拉下去。这种方法适宜加工较嫩的原料或是原料拍制的开始阶段。拉拍：操作方法是，从上往下用力拍的同时，再向后或向左、右方各拉出。操作时可在刀平面抹些清水，以防原料粘刀。这种方法适宜加工韧性较大或需要拍制很薄的原料。在加工原料时，通常是直拍和拉拍交替使用。一般

## 不一样的美食

先用直拍把原料的纤维拍开，再用拉拍的方法把原料拍薄。

剁：剁也是经常使用的刀法之一。操作方法是右手握刀，垂直向下用力，没有前推后拉的动作。与切不同的是抬刀高，运刀快，用力大。左手控制原料，但不用手指的第一骨节抵住刀侧。根据加工要求的不同，可分为剁断、剁烂、剁形3种方法。

1. 剁断：这种方法使用砍刀或厚背沉重的分刀。操作方法是，左手抓住原料，右手握刀，用小臂和腕部的力量直剁下去。要求运刀准确有力，一刀剁断，不要反复剁。这种刀法用来加工带有小骨的原料，如鸡、鸭、猪排等。

2. 剁烂：这种加工方法使用2号分刀即可。操作方法是，先将原料切成小片或小丁，然后用刀顺序直剁。也可以两手各握一把刀同时剁，边剁边翻弄原料，使之均匀一致。这种刀法用来加工各种肉泥、鱼泥、虾泥等。

3. 剁形：这种刀法要先经过切、拍等工序，然后把原料平放在菜墩上，用刀尖把原料的粗纤维剁断。同时用左手配合收边，逐步剁成菜肴要求的形状，如树叶形、椭圆形等。这种刀法在操作中要求掌握"碎而不烂"的原则，剁断粗纤维的目的是使原料受热后不因纤维收缩而变形。但如果把原料剁得过烂，也会使原料中含有的很多营养成分的汁液流失，影响菜肴的质量。这种刀法用来加工肉扒、鸡排等。

包卷：包卷也是西餐传统的加工方法之一。操作方法是把拍刀加工成薄片的原料，平铺在菜墩上，用刀尖把粗纤维剁断，也要掌握"碎而不烂"的原则。剁好后，仍使原料平铺在菜墩上，再把一定形状的馅心放在中央，然后用刀的前部把原料从两侧中部包严，操作时可以在刀上抹些水，以免粘刀。

包卷的质量要求是：①外形美观，符合菜肴的形状规格；②要把馅心包严，不能在加热时漏馅；③要把原料均匀，不能有的部位厚，有的部位薄，以至在加热时不能同时成熟。

食学理论家——袁枚

袁枚是中国饮食史上最杰出的食学理论家、美食品鉴家，他对中国饮食文化的贡献是巨大的，也是多方面的，具体来说有以下十点：袁枚是中国饮食史上的第一号人物，是赢得了海内外饮食文化界和餐饮界普遍认同的中国古代食圣，是中国历史上最伟大的饮食理论家和最著名的美食家。袁枚是中国历史上第一个公开声明饮食是堂皇正大学问的人。袁枚是中国历史上第一个把饮食作为安身立命、宜人济世学术并毕生研究取得了无与伦比成就的人。他历时约半个世纪撰成的中国历史上的食学代表作《随园食单》的理论与实践价值至今仍非常重大。袁枚是中国历史上第一个为厨师立传的人。袁枚是中国历史上第一个得到社会承认的职业美味鉴评家。袁枚是中国历史上第一个提出文明饮食系统思想的人。袁枚在《随园食单》中明确提出"戒耳餐""戒目食""戒暴殄""戒纵酒""戒强让""戒落套"。他提出了反对吸烟等一系列文明饮食的观念和主张。袁枚是中国历史上第一个大力倡导科学饮食的人。他明确反对以奢为贵、以奇为珍的错误观念和不良习尚。袁枚是中国历史上第一个敢于公开宣称自己"好味"的人。人生食事正是在袁枚手里变成了庄重的学术。袁枚是中国历史上第一个将"鲜味"认定为基本味型的人。袁枚是中国历史上第一个把人生食事提高到享乐艺术高度的人。

袁枚画像

# 不一样的美食

## 中餐礼仪

• 桌的摆放

我国在正式场合一般都用圆桌，最少一桌，多则几十桌，每种情况都有具体的礼节要求。

一桌：如果只有一桌，这一桌一般设在房间的中央，正对着门口，这时主人应该坐在离门口比较近的位置，主宾坐在面向门口、离门口比较远的位置，这样既可以便于主人招呼迟到的客人，又不会让主宾受上菜动作的影响。

多桌：如果有两桌，那么入门左边的位置是主桌。如果是一字形排开的三桌，则以中为主，以左为次，最后是右边的一桌；如果是品字形的三桌，则以上面的一桌为主桌，然后是下面左边的一桌，最后是右手这一桌；如果是鼎足形的三桌，上面左边的是主桌，上面右边的是次桌，下面靠近门口的一桌是最低的位置，由年纪比较小、职位比较低的人坐。如果是梅花形排列的四桌，中间的远离门口的一桌是主桌，其次是中间的离门近的一桌，再次是左边，最后是右边；如果是一字形排开的四桌，还可能是七八桌，都是以中间的一桌为主桌，然后按照离主桌的距离从近到远先左后右依次排序。如果是轴心形的五桌，那么最中心的一桌自然是主桌，然后依照以中为主、

以左为次，以右为辅的规律，再排其他四桌；如果是梅花形的五桌，最上面的是主桌，然后按照从上到下、从左到右的顺序排列，常见的摆结婚喜筵的时候，新郎新娘都是坐在最上面的主桌。

总之，不管桌子摆成什么形式，在排序时都是以中间为首，其次是左边，最后是右边，只要按照这个规则就能把座位安排得非常妥当。

- 餐具的摆放与使用

- 筷子的使用

筷子是一种非常实用的饮食工具，在中国已经沿用了几千年，但还是有不少人不知道如何使用筷子，其中不仅仅有外国人，还包括许多中国同胞，在餐桌上常见到有人夹菜夹到一半就掉了，就是因为拿筷子的姿势不正确所致。

筷子是利用杠杆原理设计的，有支力点、使力点、着力点，需要三力合一才可以夹取食物，用大拇指来固定两根筷子，中指与食指一起作用使筷子一开一合，无名指和小拇指在下面支撑筷子。

中华民族用筷子的历史长达6000年之久，筷子文化是中华民族重要的文化传统，对民族心理、思维方式、文化习俗的形成、维系、发展均有重要意义。

一忌敲筷：在等待就餐时，不能拿筷子随意敲打。

二忌掷筷：在餐前发放筷子时，要把筷子一双双理顺，然后轻轻地放在每个人的餐桌前；相距较远时，可以请人递过去，不能随手掷在桌上。

三忌叉筷：筷子不能一横一竖交叉摆放。筷子要摆放在碗的旁边，不能搁在碗上。

## 不一样的美食

四忌插筷：在用餐中途因故暂时离开时，要把筷子轻轻搁在桌子上或餐碟边，不能插在饭碗里。

五忌和筷：在夹菜时，不能用筷子在菜盘里上下乱翻；遇到别人也来夹菜时，要注意避让，谨防"筷子打架"。

六忌舞筷：说话时，不要把筷子当作道具，在餐桌乱舞，也不要在请别人用菜时，把筷子戳到别人面前。

• 举菜的礼仪

在举菜的时候，一定要注意礼仪：太远的菜用汤匙跟着，拿过去把菜承接过来，避免中途掉下来或洒下汁水；夹菜的时候不要在碗里挑挑拣拣，夹起一块又放回去；如果有掉下的菜，应该夹起来放在自己盘子的边缘，而不是任其停留在桌面上；嘴里含着食物的时候，最好不要说话，以免含糊不清，而且也相当不雅观；喝汤的时候，汤碗应稍微提高，在碗的边缘上稍微剐一下，再送到嘴中，这样不会弄脏桌面；使用过的汤匙不要倒挂在盘子边缘，而是让凹槽朝上，放在托碟上，避免汤汁倒流到桌面上；使用公筷的话，用完之后要及时放回原处，方便别人下一次使用；每次夹菜的时候少夹一点，不要在自己面前堆积大量的食物。

• 餐桌上的形态礼仪

我国自古以来就讲究"坐有坐相,站有站相",在餐桌上也是如此。

1. 注意动作的雅观:在餐桌上应该坐得端正,夹菜的时候身体稍微前倾,但是注意不要整个人趴在桌子上,或者把手臂从一头伸到另一头去,这样的动作既会影响旁边的人用餐,而且是不得体和不雅观的。在吃饭的时候,要以碗来就口,而不是用嘴巴去就碗,平常用餐中经常可以看到有的人在喝汤的时候,把头低下去够碗,显得弯腰驼背,而且压迫着肠胃。

2. 保持桌面的整洁:随时保持桌面的整洁,既能让人看着舒服,又能显示自己的修养,所以在用餐的时候要留意。对于吃剩的残渣,万万不可"呸"地吐在桌面上,而应该轻轻地吐在骨盘上,如果骨盘满了,可以请服务生帮忙换一个干净的盘子;如果不小心弄脏了桌面,要及时请服务员帮助清理。

3. 照顾同桌:在餐桌上不仅仅是一个人就餐,一般来说,我国的圆桌都会安排10个人就餐,所以还要注意到同伴的存在、留意同伴的需求、照顾好同伴,尤其是男士应该视照顾同桌的女士为自己的责任。应该为同桌介绍自己熟悉的菜;为同桌布菜;及时为同桌添酒或饮料;转动圆盘的时候,眼睛要观察别人是否在夹菜,餐具是否靠太近;积极调动餐桌上的气氛。

4. 餐桌上的酒文化:中国有一个比较特殊的传统,就是敬酒的文化。以前人们常常以喝酒的多少来衡量感情的深浅,比如我敬你一杯酒,你如果不喝,那就是看不起我,所以你必须一饮而尽,而且你喝完了,还要回敬我一杯,否则还是表示看不起我,这样一桌10个人,你至少要喝18杯酒,酒量大的还可以支撑,不胜酒力的人就难以忍受了。

幸运的是,现代的礼仪不再勉强大家喝酒,一般来说,每个人根据自己的酒量适当地表示就可以了,有风度的男士更不应勉强女士喝酒。一位成功的秘书应该知道在各种场面如何维持整体融洽的气氛,所以当餐桌上有人不会喝酒时就不应勉强,而且如果别人非要客人干杯,秘书应该及时为客人解围,这样才算招呼得周到。

## ● 饮食新趋势

### 素食 >

　　从严格意义上讲，素食指的是禁用动物性原料及禁用"五辛"和"五荤"的寺院菜、道观菜。五荤也叫"五辛"，指五种有辛味之蔬菜（葱、大蒜、荞头、韭菜、洋葱）。但是对于现代人来说，凡是从土地中和水中生长出来的植物，可供人们直接使用或加工使用的食品，我们都可以统称为素食。比如说蔬菜、果品、豆制品和面筋等材料制作的素菜等食物。

　　中文的"素"字本义是指白色和质朴。据考证，古汉语中素食有三种含义，第一指蔬食，如《匡谬正俗》中有"案素食，谓但食菜果饵之属，无酒肉也"。第二指生吃瓜果。第三指无功而食禄。另外，古汉语中有素食含义的字还有"蔬食"，如《庄子·南华经》中有："蔬食而遨游，泛若不系之舟。"

91

## 不一样的美食

• 分类

纯素食或严守素食（俗称"吃全素"）：会避免食用所有由动物制成的食品，例如蛋、奶类、干酪和蜂蜜。除了食物之外，部分严守素食主义者也不使用动物制成的商品，例如皮革、皮草和含动物性成分的化妆品。

斋食：会避免食用所有由动物制成的食品和包括青葱、大蒜、象蒜、洋葱、韭、薤、虾夷葱在内的葱属植物。

乳蛋素：不食肉素食主义者会食用部分动物制成的食品来取得身体所需之蛋白质，像是蛋和奶类。

奶素：这类素食主义者不吃蛋及蛋制品，但会食用奶类和其相关产品，如奶酪、奶油或酸奶。

蛋素：这类素食主义者不吃奶及奶制品，可食用蛋类和其相关产品。

素汉堡包生素食：这种食用方法是将所有食物保持在天然状态，即使加热也不超过47℃。生食主义者认为烹调会致使

食物中的酵素或营养被破坏。有些生食主义者叫作活化生食主义者,在食用种子类食物前,会将食物浸泡在水中,使其酵素活化。有些生食主义者的精神与食果实主义者相似,有些生食主义者仅食用有机食物。

胎里素:指素食妈妈怀孕所生的素宝宝。在印度、我国台湾盛行吃素的地方,有很多素宝宝。素宝宝并没有因为不摄入动物蛋白而营养不良,基本上体质都很健壮。另外,在临床观测到苯丙酮尿症的宝宝在怀孕期间会影响母亲的饮食,使得母亲抗拒动物性食物,并且苯丙酮尿症宝宝因基因特性决定其也是纯素饮食。如果出生后,继续吃素,身体里完全没有动物食物成分,可算得上全身都是素。

果素:仅食用水果和果汁或其他植物果实,不包括肉、蔬菜和谷类。

苦行素食:这类人为坚定心中的信念,以苦行的方式进行素食,不仅戒蛋、牛奶,甚至戒大豆、食盐。甘地为其代表人物。

耆那教素食:可以食用奶制品,但不食用蛋制品、蜂蜜和任何形式的根茎食品。

不一样的美食

• 演进过程

不管是从早期的宗教信仰看，还是从现今的讲究环保、健康、时尚看，素食始终伴随着人们的生活。根据素食发展的早晚，大致可以划分为以下5个阶段。

第一阶段豆腐时期（距今50年）：豆腐是由西汉淮南王刘安发明的。唐代鉴真和尚东渡日本后，把豆腐技术传到日本，宋朝传入朝鲜，19世纪传入欧洲、非洲和北美，后来逐渐成为世界性食品。但因豆腐在制作及贩运过程中，极易受到微生物污染，不能久藏。因此，以豆腐为主题的素食时代逐渐被面筋取代。

第二阶段面筋时期（距今有40～50年）：面筋是小麦粉中所特有一种胶状混合蛋白质。其实，面筋历史由来已久，据明代黄一正的《事物绀珠》中记载，面筋早在南北朝时就已创制。由于其制作简单，在距今40余年前，当时的素食者缘于方便、营养、可口等理由，将面筋做成仿荤菜式的素鸡、素鹅等材料，使之成为餐桌上的一大主体。

第三阶段菇类时期（距今有20～25年）：香菇味鲜而香、营养丰富，含17种氨基酸，其中有多种是人体所必需而又不能合成和转化的。具有抗癌、预防肝硬化、清除血毒、降低胆固醇的功能。但因其价

格较贵,虽然它是很好的健康食品,直到距今20多年前素食业者才广泛地将香菇应用在素材制作上。在素食的应用上,可将干燥的香菇通过泡水、挤压、打碎等工艺将其制作成美味、可口的素肉松、素牛肉干、素羊腩等食品。

第四阶段蒟蒻时期(距今10年左右):蒟蒻又被称为魔芋,是天南星科多年生草本植物。中国是最早研究和利用魔芋的国家,魔芋主要成分是葡甘露聚糖,具有粗纤、低脂肪等特点,能有效消除便秘、防止肥胖和降低血糖、血脂和胆固醇,调节内分泌,起到防癌、降脂、通便等神奇作用。医学研究表明,魔芋可以预防和治疗高血脂、糖尿病、肥胖症及心脑血管等现代疾病,早在西汉时期就有用魔芋治疗糖尿病的记录。

传统的魔芋食用方法,是手工将新鲜的魔芋或魔芋角加工制成灰黑色魔芋豆腐,而现代工艺则是将烘干的魔芋制成魔芋精粉,然后再用魔芋精粉制成多种仿生素食品,如素鱿鱼、素虾仁、素腰片等。

第五阶段大豆：蛋白时期在这个多元化的社会，无论素食者缘于何种理由投身吃素行列，都给商业者带来无限商机，同时也促进更多素食品科技的开发。大豆蛋白抽取物便是这个时代下诞生的革命性产物。

大豆蛋白是唯一植物来源的完全蛋白质，其蛋白质含量丰富，为肉类的2倍、鸡蛋的4倍、牛奶的12倍。还含有钙质、叶酸、纤维素、维生素和植物营养素等。此外，大豆蛋白中含有的异黄酮在促进脂肪的分解并且降低胆固醇的同时，还能促进骨骼的钙化，抑制乳腺癌细胞增殖的能力，强抗氧化活性，保护血管内皮细胞等特殊功能。

素食业者根据大豆蛋白的特点，配合面筋、淀粉、胶性物质等做成仿肉的素鸡、素火腿、素对虾、素腊肠、素蛋糕等形神兼备的仿荤素食品，既保留素菜的自然本色又满足人们吃"肉"和好奇的心理；再加上现代烹调技术的完美搭配，更使广大素食爱好者味蕾大增。

素食产品发展的这五个时期，虽然有年代间隔，但是每个阶段都有一定的关联性和渗透性。据有关专家透露，从植物中提取精华将是未来素食发展的方向。

BU YI YANG DE MEI SHI

- 发展历史

大约在公元前1000年前后,在印度和地中海东部地区,分别出现了倡导素食主义的思潮。在地中海地区,史载最早的素食主义者是公元前6世纪的希腊哲学家毕达哥拉斯,他主张杜绝肉食,代之以豆类及其他素食,并以此来要求他的弟子们。自柏拉图起,许多非基督教的哲人,如伊壁鸠鲁和普鲁塔克等也都提倡素食。公元前5世纪的另一位希腊哲学家恩培多克勒也持有同样的观点。他们之所以倡导素食是因为相信灵魂可以轮回。

在中国,古代迷信认为素食可以表达对神的尊敬,并不是为了保护动物,而且素食之后的祭祀还要拿牲畜开刀。《孟子·离娄》中有:"虽有恶人,斋戒沐浴,则可以祀上帝。"

在印度,戒杀生食肉,认为人类不应该伤害任何有知觉的动物,尤其是他们的牛。自此以后,虽然耆那教逐渐衰落,但素食的习惯广泛传播,许多上层种姓乃至较低的种姓都接受了素食的习惯。不仅如此,借由梁武帝禁令的传播,素食之说也开始在中国广为传播,并远及中国文化圈中的大部分地区,如日本和东南亚等。在古代,日本天皇曾长期禁止国民食肉。

在希伯来《圣经》中有记载,人类自

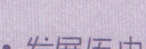

97

## 不一样的美食

古并不食肉，只是自诺亚时期的洪水之后才开始吃肉。早期的犹太教修行团体和基督教领袖都认为肉食是一种残暴和代价高昂的奢侈行为。在罗马帝国衰落后的几个世纪里，欧洲大部分虔诚的修行团体都禁戒肉食，例如，西多会。尽管今天绝大部分的基督徒都不再信奉素食主义，但是仍有一些西多会的教派严守着类似的教规，禁止食肉、鱼和蛋。如特拉普教派，一个17世纪从西多会分离出来的反对改良运动的教派，其信徒至今仍信奉素食主义。

文艺复兴时期的欧洲由于财富和权力的增长使肉食日渐流行。

文艺复兴时期人们之所以流行素食，（之前他们曾认为素食是下等人的食物），其主要原因是当时拙劣的贮藏方式，导致肉食很容易变质，腐臭，生蛆，这些不新鲜的食物必然导致肉食的口味很差，人们失去了食欲，同样不新鲜的肉食其营养成分基本都丧失了，还容易传播疫病，令群众健康情况恶化。这个时期，素食非常盛行。

当有着"恶毒之母"之称的凯瑟琳·德·美第奇太后进入法国后，她推广了一些新的饮食措施，其影响力几乎涵盖全欧洲，法国人放弃了粗暴鲁莽的中世纪生活方式，也不再用大量的香料来掩盖肉食的本味，而是在新的贮存方式下，用香料突出肉食的本味，并重新接纳了曾被香料革命挤掉的素食。

BU YI YANG DE MEI SHI

## 不一样的美食

但自17世纪起,素食主义开始在英国发展起来,拒绝肉食的宗教团体越来越多。托马斯是17世纪突出的素食主义倡导者,他主张完全弃绝以"动物同伴的肉体"为食。托马斯对基督教教友派有很大影响。另外,托马斯的书《健康的生活方式》也给年轻的本杰明·富兰克林留下了深刻的印象。

在18世纪,由于经济、伦理和营养学等方面的原因,素食主义逐渐引起了人们的兴趣。营养学家威廉医生(Dr. William Lambe)建议他的病人素食以利于癌症的治疗。此时,几乎所有现代的素食主义论题都已经开始讨论,包括农业资源的浪费等。18世纪中突出的素食主义倡导者有美国的本杰明·富兰克林和法国的伏尔泰。

## • 食素原因

素食的动机因人而异，可能是基于宗教信仰，可能是出于健康考虑，也可能是经济因素，还可能是鉴于生态环保的理念，不同的动机使得素食者选择不同的素食方式。

宗教因素：佛教主张不杀生，佛陀容许三净肉，即食者不听杀、不言杀、不看杀。在大乘佛教的《楞严经》中还有"永断五辛"的说法，五辛是葱、蒜、洋葱、韭菜及兴渠，在大乘佛教中认为去除五辛之后才是真正的素食。《楞伽经》中佛告大慧菩萨："大慧，我有时说，遮五种肉，或制十种。今于此时，一切种，一切时，开除方便，一切悉断。"又云："何人食用肉，先堕饿鬼众，后堕号叫狱。"《大般涅槃经》提到："善男子！从今日始，不听声闻弟子食肉。若受檀越信施之时，应观是食如子肉想。"《梵网经》："若佛子，故食肉。一切肉不得食，夫食肉者，断大慈悲佛性种子，一切众生见而舍去。"《佛说十善戒经》云："啖肉者多病，当行大慈心，奉持不杀戒。"中国佛教在梁武帝时反对吃荤，梁武帝著《断酒肉文》4篇，

## 不一样的美食

主张僧尼一律断鱼肉。可以食用奶制品，但不食蛋。虽然酒为谷类或水果制成，但因为喝酒会乱性，故不可食用。提婆达多派主张完全素食，不食用肉类、鱼类与牛乳。

基督教教会中的基督复临安息日会亦主张吃素，他们在我国台湾的教会还生产了不少高品质的素肉、素肠等，使会众从肉食过渡到素食的过程更轻松。

道教有《道经》云："斋食（即素食）者，洁净身心，涤除邪秽。""圣人以此斋戒，以神明其德。"

印度教提倡非暴力，认为愈有文化的人愈食素，因此婆罗门大多数吃素，即使刹帝利也不想吃肉。

其他因素：有些人会因为传染病等环境因素、道德因素、保护动物、健康、减重或其他个人原因而吃素。素食在印度：养奶牛可以提供蛋白质，而且牛可以犁地。在恒河平原，没有牛是不能种地的，把粮食喂给牛，再宰牛吃，白白浪费了75%的热量与蛋白质，因此印度人不愿吃牛。

根据联合国的报告和科学的证据，就全球变暖而言，甲烷的有害性比二氧化碳强23倍，氧化亚氮比二氧化碳约强300倍。牲畜是产生甲烷的首要肇因，氧化亚氮也是牲畜产生的副产品。食用肉类需要饲养许多家畜动物，而家

BU YI YANG DE MEI SHI

畜会排放出甲烷，例如，一头牛一天最高可制造出60升的甲烷。大气中的甲烷约有25%由畜牧业饲养的家畜排放。控制甲烷的主要来源，可调节气候，预防水灾，也是对付土壤流失之最佳方法。森林不断循环，净化水质，许多动植物都以此为家。热带雨林是世界上最珍贵的自然资源，有世界陆上植物80%的品种，药材里有1/4的原料来自于此，也为地球供应很大比例的氧气。对热带雨林的不断破坏，使得生存于此的动、植物受到巨大影响，几乎是一年有100种生物从自然界消失。

对食物的选择，也跟能源危机息息相关。生产肉类食品的整个生产线，一切以消耗能源的机器取代人工，控制室内温度、运送饲料、清理牲畜之排泄物等，浪费了许多土地、水、电等资源，似乎要用尽有限的地球资源。虽然21世纪以来人类的环保意识已提高，许多人也使用再生纸、参与资源回收计划，更加节约用水、用电，但这些都不足以弥补吃肉所浪费的资源。

有的学者研究膳食，揭示素食能为身体带来健康，而鱼肉蛋奶会导致慢性病发生。《救命饮食》是由美国康奈尔大学、英国牛津大学以及中国预防医学科学院合作进行的大型流行病学调查报告。该项调查考察了中国农村及在台湾生活的人，总计65个县130个自然村 6500 个成年人及其家庭成员，探讨疾病与膳食生活方式因素之间的关系，一共得到 8000 多项具有统计学显著性意义的科学数据，获得中国卫生部科技进步一等奖。报告从数据中提出多个现象，例如指出植物性食物可以使胆固醇水平降低，而动物性食物可以使胆固醇水平升高，当血液中的胆固醇下降时，多种癌症的发病率都显著下降；植物来源的纤维和抗氧化剂与消化道癌症发病较低有关；植物性食物加上积极生活方式不仅能维持健康体重，而且能让人长得更加强壮高大等。

不一样的美食

• 健康意义

随着人们健康意识的高涨，提倡素食的人越来越多了。有人素食，是为了赶时髦，有人则是为了健康，对习瑜伽者而言，则是迎合传统瑜伽的素食观……素食的好处极多，至少具有以下8点：

益寿延年：根据营养学家研究，素食者比非素食者长命。墨西哥中部的印第安人是原始的素食主义民族，平均寿命极高，令人称羡；瑜伽的圣贤也因素食而享高寿。

体重较轻：素食者较肉食者体重轻。这是因为肉类比植物蛋白含有更多的脂肪，

而且，肉食者若是摄取过多的蛋白质，则其中过量的蛋白质也会转变成脂肪。瑜伽饮食观认为，新鲜的水果、蔬菜含有各种丰富的维生素，能提供给人体需要的营养成分，还能帮助身体清除垃圾，排除身体毒素，而且经常食用新鲜的水果和蔬菜也能帮助练习瑜伽的人们达到更好的效果，食用它们便于生命之气在身体中顺畅地流通。并认为动物食品中的蛋白质的质量低下，实际上消化这些食品所需的能量要大于这些食品所提供的能量。

降低胆固醇含量：素食者血液中所含的胆固醇永远比肉食者更少，血液中胆固醇含量如果太多，则往往会造成血管阻塞，成为高血压、心脏病等病症的主因。二战期间，北欧人被迫食素，结果发现全体国人心脏病患率大为降低。以后他们改食肉类，心脏病患病率又提高了。

减少患癌症机会：某些研究指出，肉食与结肠癌有相当密切的关系。前述印第安人及其他素食的部落，尚有许多人根本不知道癌症为何物。

减少寄生虫感染：绦虫及其他好几种寄生虫，都是经由受感染的肉类而寄生到人体上的。

减少肾脏负担：各种高等动物和人体内的废物，经由血液进入肾脏。肉食者所食用的肉类中，一旦含有动物血液时，更加重了肾脏的负担。

易于储藏：植物性蛋白质通常比动物性蛋白质更易于储存。五谷和干燥的豆类，一旦混合使用，乃是极佳的蛋白质来源，只要稍加注意，可以长期储存备用，极为方便。

价格低廉：植物性食材比肉类便宜。

## 不一样的美食

 **食素误区**

误区一:油(油食品)脂、糖、盐过量

由于素食较为清淡,有些人会添加大量的油脂、糖、盐和其他调味品(调味品食品)来烹调。殊不知,这些做法会带来过多的能量(能量食品),精制糖和动物脂肪一样容易升高血脂,并诱发脂肪肝,而钠盐会升高血压(血压食品)。很多人还忽视了一个重要的事实:植物油和动物油含有同样多的能量,食用过多一样可引起肥胖。

误区二:吃过多水果(水果食品)并未相应减少主食

很多素食爱好者每天三餐之外,还要吃不少水果,但依然没有给他们带来苗条。这是因为水果中含有 8% 以上的糖分,能量不可忽视。如果吃半斤以上的水果,就应当相应减少正餐或主食的数量,以达到一天当中的能量平衡。除了水果之外,每日额外饮奶或喝酸奶的时候,也要注意同样的问题。

误区三:蔬菜(蔬菜食品)生吃才有健康价值

一些素食者热衷于以凉拌或沙拉的形式生吃蔬菜,认为这样才能充分发挥其营养价

值。实际上,素食蔬菜中的很多营养成分需要添加油脂才能很好的吸收,如维生素(维生素食品)K、胡萝卜素、番茄红素都属于烹调后更易吸收的营养物质。同时还要注意,沙拉酱的脂肪含量高达60%以上,用它进行凉拌,并不比放油脂烹调热量更低。

误区四:只认几种"减肥(减肥食品)蔬菜"

蔬菜不仅要为素食者供应维生素C和胡萝卜素,还要在铁(铁食品)、钙(钙食品)、叶酸(叶酸食品)、维生素$B_2$等方面有所贡献。所以,应尽量选择绿叶蔬菜,如芥蓝、绿菜花、苋菜、菠菜、小油菜、茼蒿等。为了增加蛋白质(蛋白质食品)的供应,菇类蔬菜和鲜豆类蔬菜都是上佳选择,如各种蘑菇、毛豆、鲜豌豆等。如果只喜欢黄瓜、番茄、冬瓜、苦瓜等少数几种所谓的"减肥蔬菜",就很难获得足够的营养物质。

误区五:该补充复合营养素时没有补

在一些发达国家,食物中普遍进行了营养强化,专门为素食者配置的营养食品品种繁多,素食者患病微量营养素缺乏的风险较小。然而在中国,食品工业为素食者考虑很少,营养强化不普遍,因此素食者最好适量补充复合营养素,特别是含铁、锌、维生素$B_{12}$和维生素D的配方,以预防可能发生的营养缺乏问题。

### 绿色食品

　　第二次世界大战以后，欧美和日本等发达国家在工业现代化的基础上，先后实现了农业现代化。这一方面大大地丰富了这些国家的食品供应，另一方面也出现了严重的问题，就是随着农用化学物质源源不断地、大量地向农田中输入，造成有害化学物质通过土壤和水体在生物体内富集，并且通过食物链进入到农作物和畜禽体内，导致食物污染，最终损害人体健康。绿色食品在中国是对无污染的安全、优质、营养类食品的总称。是指按特定生产方式生产，并经国家有关的专门机构认定，准许使用绿色食品标志的无污染、无公害、安全、优质、营养型的食品。

- ### 绿色食品标志

　　绿色食品（Green Food）标志由特定的图形来表示。绿色食品标志图形由三部分构成：上方的太阳、下方的叶片和中间的蓓蕾，象征自然生态。标志图形为正圆形，意为保护、安全。颜色为绿色，象征着生命、农业、环保。AA级绿色食品标志与字体为绿色，底色为白色；A级绿色食品标志与字体为白色，底色为绿色。整个图形描绘了一幅明媚阳光照耀下的和谐生机，告诉人们绿色食品是出自纯净、良好生态环境的安全、无污染食品，能给人们带来蓬勃的生命力。绿色食品标志还提醒人们要保护环境和防止污染，通过改善人与环境的关系，创造自然界新的和谐。

　　如何辨认绿色食品标志：绿色食品标志是一个质量证明商标，属知识产权范畴，受《中华人民共和国商标法》保护。这种政府授权专门机构管理绿色食品标志，是一种将技术手段和法律手段有机结合起来的生产组织和管理行为，而不是一种自发的民间自我保护行为。

　　绿色食品在中国是对具有无污染的安

全、优质、营养类食品的总称。是指按特定生产方式生产，并经国家有关的专门机构认定，准许使用绿色食品标志的无污染、无公害、安全、优质、营养型的食品。类似的食品在其他国家被称为有机食品、生态食品或自然食品。

1990年5月，中国农业部正式规定了绿色食品的名称、标准及标志。

标准规定：①产品或产品原料的产地必须符合绿色食品的生态环境标准。②农作物种植、畜禽饲养、水产养殖及食品加工必须符合绿色食品的生产操作规程。③产品必须符合绿色食品的质量和卫生标准。④产品的标签必须符合中国农业部制定的《绿色食品标志设计标准手册》中的有关规定。绿色食品的标志为绿色正圆形图案，上方为太阳，下方为叶片与蓓蕾，标志的寓意为保护。

在许多国家，绿色食品又有着许多相似的名称和叫法，诸如"生态食品""自然食品""蓝色天使食品""健康食品""有机农业食品"等。由于在国际上，对于保护环境和与之相关的事业已经习惯冠以"绿色"的字样，所以，为了突出这类食品产自良好的生态环境和严格的加工程序，在中国，统一被称作"绿色食品"。

绿色食品是指在无污染的条件下种植、养殖，施有机肥料，不用高毒性、高残留农药，在标准环境、生产技术、卫生标准下加工生产，经权威机构认定并使用专门标志的安全、优质、营养类食品的统称。

## 不一样的美食

### • 申请范畴

由于绿色食品已经由国家工商局批准注册，按商标法有关规定，具备条件可申请使用绿色食品标志的产品有以下5类。

一是肉、非活的家禽、野味、肉汁、水产品、罐头食品、腌渍、干制水果及制品、腌制、干制蔬菜、蛋品、奶及乳制品、食用油脂、色拉、食用果胶、加工过的坚果、菌类干制品、食物蛋白；二是咖啡、咖啡代用品、可可、茶及茶叶代用品、糖、糖果、南糖、蜂蜜、糖浆及非医用营养食品、糕点、代乳制品等五谷杂粮、面制品、膨化食品、豆制品、食用淀粉及其制品、饮用冰、冰制品、食盐、酱油、醋等调味品、酵母、食用香精、香料、家用嫩肉剂等；三是未加工的林业产品，未加工谷物及农产品（不包括蔬菜、种子）、花卉、园艺产品、草木、活生物、未加工的水果及干果、新鲜蔬菜、种子、动物饲料（包括非医用饲料添加剂及催肥剂）、麦芽、动物栖息用品；四是啤酒、矿泉水和汽水以及其他不含酒精的饮料、水果饮料及果汁、固体饮料、糖浆及其他饮料用的制剂；五是含酒精的饮料（除啤酒外）。

114

BU YI YANG DE MEI SHI

> 选购绿色食品要注意"五看"

绿色食品成为大部分消费者首选,说明我国消费者健康和环保意识正不断增强。但绿色食品实际上是一个特定的概念。2003年11月1日新修订的《中华人民共和国认证认可条例》对于绿色食品、无公害食品等制定了非常严格的认证过程。

一些商家违规使用绿色食品标志,首先会误导消费者,如果它本身的价格等于或低于其他没有绿色食品标志的产品,消费者肯定会选择有标志的产品,物非所值,消费者的经济利益就会受到侵害;另一方面如果产品没达到绿色食品的标准要求,就有可能危害到消费者的身体健康。

为此,有关专家介绍,消费者购买绿色食品时要做到"五看"。一看级标。我国绿色食品发展中心将绿色食品定为 A 级和 AA 级两个标准。A 级允许限量使用限定的化学合成物质,而 AA 级则禁止使用。A 级和 AA 级同属绿色食品,除这两个级别的标志外,其他均为冒牌货。二看标志。绿色食品的标志和标袋上印有"经中国绿色食品发展中心许可使用绿色食品标志"字样。三看标志上标准字体的颜色。A 级绿色食品的标志与标准字体为白色,底色为绿色,防伪标签底色也是绿色,标志编号以单数结尾;AA 级使用的绿色标志与标准字体为绿色,底色为白色,防伪标签底色为蓝色,标志编号的结尾是双数。四看防伪标志。绿色食品都有防伪标志,在荧光下能显现该产品的标准文号和绿色食品发展中心负责人的签名。若没有该标志便可能为假冒伪劣产品。五看标签。除上述绿色食品标志外,绿色食品的标签符合国家食品标签通用标准,如食品名称、厂名、批号、生产日期、保质期等。检验绿色食品标志是否有效,除了看标志自身是否在有效期,还可以进入绿色食品网查询标志的真伪。

不一样的美食

• 具体标准

　　绿色食品标准是由农业部发布的推荐性农业行业标准(NY/T)，是绿色食品生产企业必须遵照执行的标准。绿色食品标准以全程质量控制为核心，由以下6个部分构成：

　　绿色食品产地环境质量标准：制定这项标准的目的，一是强调绿色食品必须产自良好的生态环境地域，以保证绿色食品最终产品的无污染、安全性；二是促进对绿色食品产地环境的保护和改善。绿色食品产地环境质量标准规定了产地的空气质量标准、农田灌溉水质标准、渔业水质标准、畜禽养殖用水标准和土壤环境质量标准的各项指标以及浓度限值、监测和评价方法。提出了绿色食品产地土壤肥力分级和土壤质量综合评价方法。

　　绿色食品生产技术标准：绿色食品生产技术标准是绿色食品标准体系的核心，它包括绿色食品生产资料使用准则和绿色食品生产技术操作规程两个部分。绿色食品生产资料使用准则是对生产绿色食品过程中物质投入的一个原则性规定，它包括生产绿色食品的农药、肥料、食品添加剂、饲料添加剂、兽药和水产养殖药的使用准则，对允许、限制和禁止使用的生产资料及其使用方法、使用剂量等做出了明确规定。绿色食品生产技术操作规程是以上述准则为依据，按作为种类、畜牧种类和不同农业区域的生产特性分别制定的，用于指导绿色食品生产活动，规范绿色食品生产技术的技术规定，包括农产品种植、畜禽饲养、水产养殖等技术操作规程。

绿色食品产品标准：此项标准是衡量绿色食品最终产品质量的指标尺度。其卫生品质要求高于国家现行标准，主要表现在对农药残留和重金属的检测项目种类多、指标严。而且，使用的主要原料必须是来自绿色食品产地的、按绿色食品生产技术操作规程生产出来的产品。

绿色食品包装标签标准：此项标准规定了进行绿色食品产品包装时应遵循的原则，包装材料选用的范围、种类，包装上的标志内容等。要求产品包装从原料、产品制造、使用、回收和废弃的整个过程都应有利于食品安全和环境保护，包括包装材料的安全、牢固性，节省资源、能源，减少或避免废弃物产生，易回收循环利用，可降解等具体要求和内容。绿色食品产品标签，除要求符合国家《食品标签通用标准》外，还要求符合《中国绿色食品商标标志设计使用规范手册》规定。

绿色食品贮藏、运输标准：此项标准对绿色食品贮运的条件、方法、时间做出规定。以保证绿色食品在贮运过程中不遭受污染、不改变品质，并有利于环保、节能。

绿色食品其他相关标准：包括"绿色食品生产资料"认定标准、"绿色食品生产基地"认定标准等。

不一样的美食

• 绿色食品等级

绿色食品标准分为两个技术等级，即AA级绿色食品标准和A级绿色食品标准。

AA级绿色食品标准要求：生产地的环境质量符合《绿色食品产地环境质量标准》，生产过程中不使用化学合成的农药、肥料、食品添加剂、饲料添加剂、兽药及有害于环境和人体健康的生产资料，而是通过使用有机肥、种植绿肥、作物轮作、生物或物理方法等技术，培肥土壤、控制病虫草害、保护或提高产品品质，从而保证产品质量符合绿色食品产品标准要求。

A级绿色食品标准要求：生产地的环境质量符合《绿色食品产地环境质量标准》，生产过程中严格按绿色食品生产资料使用准则和生产操作规程要求，限量使用限定的化学合成生产资料，并积极采用生物学技术和物理方法，保证产品质量符合绿色食品产品标准要求。

BU YI YANG DE MEI SHI

## 营养金字塔

营养金字塔（又叫"食物指南金字塔""营养学金字塔""平衡膳食宝塔""食品金字塔""饮食金字塔"等）是一个人为制造出的像金字塔形状的为应对人生理特征而做成的一个黄金三角。

为指导人们合理营养，中国营养学会提出了食物指南，并形象地称为"4+1营养金字塔"（即"营养金字塔"）。

"4+1"指每日膳食中应当包括"粮、豆类"，"蔬菜、水果"，"奶和奶制品"，"禽、肉、鱼、蛋"4类食物，以这4类食物作为基础，适当增加"盐、油、糖"。

不一样的美食

- 营养金字塔结构

"金字塔"的第一层是最重要的粮谷类食物，它构成塔基，应占饮食中的很大比重。每日粮豆类食物摄取量为400～500克，粮食与豆类之比为10∶1。

"金字塔"的第二层是蔬菜和水果，因此在金字塔中占据了相当的地位。每日蔬菜和水果摄入量300～400克，蔬菜与水果之比为8∶1。

"金字塔"的第三层是奶和奶制品，以补充优质蛋白和钙。每日摄取量为200～300克。

"金字塔"的第四层为动物性食品，主要提供蛋白质、脂肪、B族维生素和无机盐。禽、肉、鱼、蛋等动物性食品每日摄入量为100～200克。

"金字塔"塔尖为适量的油、盐、糖。

以上4种基本成分加上塔尖叠合在一起恰似"金字塔"。

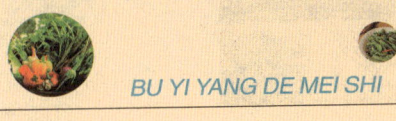

- 新型营养金字塔

据报道,美国农业部在政府的授权下重新制定了1992年提出的金字塔形"饮食指南",并将原有的单一选择拓展为12个"食品金字塔"。"金字塔"由6条垂直的彩色条谱组成,橘黄色、蓝色、绿色、红色、紫色、黄色6类颜色分别代表不同的食物组;条谱有粗有细,其中最粗的是谷物彩带,代表每天摄入的食品中谷物分量应该最多,随后依次是奶制品、蔬菜、水果、肉类和豆类及脂肪、糖和盐。

这个新型的饮食计划要求美国人按照12种模式,针对自身的不同状况,合理安排每天的饮食。在新的饮食结构中,锻炼是其中不可缺少的一个环节。形体专家丹尼斯·澳斯汀表示,30分钟的有氧运动是食谱指导中一个非常重要的组成部分,它不仅可以使你充满活力,还可以使你更好地配合食谱中的各类需求。

不一样的美食

## 低热量食物

低热量食物是指：含淀粉、糖类等碳水化合物类较少的食物。运动量大时吃高热量食物能迅速补充能量，快速排出体外，不会在体内累积，所以不会形成脂肪；但吃了大量这类食物，又不运动的话，就会增加脂肪了！所以，不常运动的人，可以吃这类成分含量少的食物。低脂肪的食物：很简单，就是油脂含量少的，不油腻的食物了！其实，脂肪代谢的能量紧次于糖类，含脂肪高，热量也很高了！想减肥的朋友其实不要太忌讳这些食物的热量和脂肪含量。因为人体代谢是一个平衡系统，只有各种营养素摄取均衡，才能充分代谢，不会有太多剩余脂肪积累。

低热量食物种类：1.选择体积大、纤维多的食物：因为这种食物可增加饱腹感从而有效地控制你的食欲，例如：新鲜蔬菜、水果。2.选择新鲜的天然食物：新鲜的天然食物一般热量都比加工食物要低。例如：胚芽米的热量低于白米，新鲜水果的热量低于果汁，新鲜猪肉的热量低于香肠、肉干等。选择清炖、清蒸、水煮、凉拌食物：这些食物比油炸、油煎、油炒食物热量低得多，例如：清蒸鱼、凉

BU YI YANG DE MEI SHI

拌青菜、泡菜等都是可供你进食时选择的上好的低热量食物。肉类尽量选择鱼肉、牛羊肉等；肉类所含热量依种类不同，大致是：鸭肉>鸡肉>猪肉>牛肉>羊肉>鱼肉，所以尽量选择鱼肉和牛羊肉。

低热量食物的优点：降低超重或肥胖、糖尿病朋友的体重，以恢复其正常的标准体重；减轻胰岛素抵抗，增加胰岛素敏感性；减轻胰岛B细胞负担，延缓其衰退速度；可适当增加你的食量，满足饱腹感，享受吃饱的乐趣，提高你的生活质量。

低热量食物的缺点：使用极低热量饮食可以让极肥胖的患者每星期减轻1到2千克，或是12个星期中平均减少20千克，在减重的过程中可以改善若干因肥胖所导致的疾病如糖尿病、高血压及高胆固醇血症。使用极低热量饮食并配合行为治疗和运动可以加速减轻体重的速度和减缓体重再增加。然而以长期减轻体重的观点来看，极低热量饮食并不比适当饮食限制来的有效。反观使用极低热量饮食4到16周的病患，则会出现虚弱、便秘、恶心、腹泻等症状，所幸这些症状都会在数个星期内消失。使用极低热量饮食，最常见的副作用是胆结石，可能原因是快速减肥促使胆囊浓缩胆汁的能力降低。截至目前，是因为使用极低热量饮食导致胆结石抑或是减轻体重而产生胆结石，仍无定论。对许多肥胖病患而言，肥胖是一个需要长期注意的疾病。虽然使用极低热量饮食能在短期内达到减轻体重的目的，但是比起其他温和的长期饮食治疗方式，极低热量饮食并非最有效的方法。

### 低热量食物挑挑看

1. 竹笋：热量19大卡（100克可食部分），竹笋具有低脂肪、低糖、多纤维的特点，食用竹笋不仅能促进肠道蠕动，帮助消化，去积食，防便秘，并有预防大肠癌的功效。竹笋含脂肪、淀粉很少，属天然低脂、低热量食品，是肥胖者减肥的佳品。

2. 冻豆腐：热量56大卡（100克），豆腐经过冷冻，能产生一种酸性物质，这种酸性物质能破坏人体的脂肪，如能经常吃冻豆腐，有利于脂肪排泄，使体内积蓄的脂肪不断减少，达到减肥的目的。冻豆腐具有孔隙多、营养丰富、热量少等特点，不会造成明显的饥饿感。

3. 腌渍类蔬菜：热量22大卡（100克），植物性脂肪在制作过程被分解了，但水肿型肥胖者不能吃，以免体液滞留。

4. 绿豆芽：热量18大卡（100克），有清除血管壁中胆固醇和脂肪的堆积、防止心血管病变的作用。经常食用绿豆芽可清热解毒，利尿除湿，解酒毒热毒。多嗜烟酒肥腻者如果常吃绿豆芽，就可以起到清肠胃、解热毒、洁牙齿的作用，同时可防止脂肪在皮下形成。

5. 木瓜：热量27大卡（100克可食部分），木瓜中的木瓜蛋白酶，可将脂肪分解为脂肪酸木瓜中含有一种酵素，能消化蛋白质，有利于人体对食物进行消化和吸收，故有健脾

## 不一样的美食

消食之功。同时还可治水肿、脚气病,且可改善关节。

6. 菠萝:热量41大卡(100克可食部分);菠萝果实营养丰富,含有人体必需的维生素C、胡萝卜素、硫胺素、尼克酸等,以及易为人体吸收的钙、铁、镁等微量元素。菠萝果汁、果皮及茎所含有的蛋白酶,能帮助蛋白质的消化,能分解鱼、肉,适合吃过大餐后食用。

7. 黄瓜:热量15大卡(100克可食部分),黄瓜含有维生素C、维生素B族及许多微量矿物质,它所含的营养成分丰富,生吃口感清脆爽口。从营养学角度出发,黄瓜皮所含营养素丰富,应当保留生吃。但为了预防农药残留对人体的伤害,黄瓜应先在盐水中泡15-20分钟再洗净生食。用盐水泡黄瓜时切勿掐头去根,要保持黄瓜的完整,以免营养素在泡的过程中从切面流失。另外,凉拌菜应现做现吃,不要做好后长时间放置,这样也会促使维生素损失。

8. 西红柿:热量19大卡(100克可食部分),西红柿中维生素A较丰富,维生素A对视力保护及皮肤晒后修复有好处。凉拌西

红柿不撒糖更好，否则甜味可能影响食欲。肥胖者、糖尿病人、高血压病人都不宜吃被称为"雪漫火焰山"的加糖凉拌西红柿。

9. 柿子椒：热量22 大卡 (100克可食部分)，辣椒是所有蔬菜中维生素C含量最丰富的食物。维生素C可提高人体免疫力，帮助抵御各种疾病。夏天人们容易热伤风，而且经常外出，接触外界环境多了，感染病毒的机会也增多，所以需要提高自身免疫力。

10. 芹菜：热量12 大卡 (100克可食部分)，芹菜富含粗纤维、钾、维生素$B_2$、维生素$B_3$等成分。夏季天气炎热，人们易上火，造成大便干燥。同时，天热时人们失水多，容易造成钠钾失衡。芹菜可帮助人们润肠通便，调节钠钾平衡。维生素对人的皮肤、神经系统和食欲都有影响，如果人体缺乏维生素$B_2$，就容易引起疲劳乏力和口腔溃疡。芹菜叶所含的营养素比茎多，弃之可惜，可焯一下凉拌吃。

BU YI YANG DE MEI SHI

版权所有　侵权必究

图书在版编目（CIP）数据

不一样的美食 / 魏星编著 . — 长春：北方妇女儿童出版社，2015.12（2021.3重印）

（科学奥妙无穷）

ISBN 978-7-5385-9624-3

Ⅰ. ①不… Ⅱ. ①魏… Ⅲ. ①饮食-文化-世界-青少年读物 Ⅳ. ①TS971-49

中国版本图书馆 CIP 数据核字（2015）第 272895 号

## 不一样的美食
BUYIYANG DE MEISHI

| | |
|---|---|
| 出 版 人 | 刘　刚 |
| 责任编辑 | 王天明　鲁　娜 |
| 开　　本 | 700mm×1000mm　1/16 |
| 印　　张 | 8 |
| 字　　数 | 160 千字 |
| 版　　次 | 2016 年 4 月第 1 版 |
| 印　　次 | 2021 年 3 月第 3 次印刷 |
| 印　　刷 | 汇昌印刷（天津）有限公司 |
| 出　　版 | 北方妇女儿童出版社 |
| 发　　行 | 北方妇女儿童出版社 |
| 地　　址 | 长春市人民大街 5788 号 |
| 电　　话 | 总编办：0431-81629600 |

定　价：29.80 元